Las piezas de la evolución

Neil Shubin

Las piezas
de la evolución

Descifrando cuatro mil millones de años
de historia de la vida

Pinolia

A la memoria de mis padres,
Seymour y Gloria Shubin

Título original: *Some assembly required: decoding four billion years of life, from ancient fossils to DNA*

© Neil Shubin, 2020
© Editorial Pinolia, S. L., 2024
Calle Cervantes, 26
28014, Madrid

www.editorialpinolia.es
info@editorialpinolia.es

Colección: Divulgación científica
Primera edición: Agosto de 2024

Depósito legal: M- 12170-2024
ISBN: 978-84-19878-64-9

Diseño y maquetación: Almudena Izquierdo
Diseño cubierta: Óscar Álvarez
Impresión y encuadernación: Industria Gráfica Anzos, S. L. U

Printed in Spain - Impreso en España

ÍNDICE

PRÓLOGO

Tras varias décadas partiendo rocas, mi forma de ver los seres vivos ha cambiado. Si se sabe dónde mirar, la investigación científica se convierte en una búsqueda del tesoro mundial llena de fósiles de peces con brazos, serpientes con patas y simios que pueden caminar erguidos, todas ellas criaturas ancestrales que relatan momentos importantes de la historia de la vida. En *Tu pez interior*, describí cómo la planificación y la suerte nos llevaron a mis colegas y a mí a encontrar al *Tiktaalik roseae* en el ártico canadiense: un pez con cuello, codos y muñecas. Esta criatura forma un puente entre la vida en el agua y la vida en la tierra para revelar que hubo un momento en que nuestros lejanos antepasados fueron peces. Durante casi dos siglos, descubrimientos como este nos han contado cómo se produce la evolución, cómo se construyen los cuerpos y cómo surgieron. Sin embargo, en la paleontología se ha producido hace poco un importante momento de cambio, que coincidió con el inicio de mi carrera hace casi cuatro décadas.

Habiendo crecido con la revista y los documentales de televisión de *National Geographic*, supe desde una edad relativamente temprana que quería participar en expediciones para descubrir fósiles. Este interés me llevó a cursar estudios de posgrado en la Universidad de Harvard, donde acabé dirigiendo mis primeros viajes en busca de fósiles a mediados de la década de 1980. A falta de medios para emprender estas excursiones en lugares exóticos, exploraba las rocas de los márgenes de las carreteras al sur de Cambridge (Massachusetts). Al volver del campo después de uno de estos viajes, encontré una pila de artículos de revistas encima de mi escritorio. Esa pila de artículos me hizo comprender que el mundo de la paleontología estaba a punto de cambiar radicalmente.

Un compañero de licenciatura encontró en la biblioteca una pila de artículos que describían cómo varios laboratorios habían descubierto un ADN que ayudaba a construir cuerpos animales, de forma que había revelado unos genes que trabajan para fabricar las cabezas, alas y antenas de las moscas. Este hecho por sí solo era increíble, pero había algo más: existían versiones de los mismos genes que estaban creando los cuerpos de peces, ratones y personas. Las imágenes de estos trabajos dejaban entrever una nueva ciencia que podría explicar cómo se formaban los animales en el embrión y cómo han evolucionado a lo largo de millones de años.

Los experimentos con ADN prometían dar respuesta a cuestiones que antes eran una competencia exclusiva de los cazadores de fósiles. Además, la comprensión del ADN podía llegar a entrever el mecanismo genético que impulsaba los cambios que yo trataba de explicar entre las rocas antiguas. Al igual que las especies fósiles de nuestro pasado, yo iba a tener que evolucionar o extinguirme. Si, para un científico, la extinción es irrelevante, entonces, una inmersión profunda en la genética, la biología del desarrollo y el mundo del ADN me mantendrían dentro de la acción intelectual. Desde aquellos primeros artículos, dirijo una especie de laboratorio con dos cerebros: paso los veranos en el campo buscando fósiles y el resto del año trabajando con embriones y ADN. El objetivo de ambos enfoques está dirigido a responder una sola pregunta: ¿cómo se producen los grandes cambios en la historia de la vida?

En las dos últimas décadas, los avances tecnológicos se han producido a un ritmo vertiginoso. Los secuenciadores de genomas son ahora tan potentes que el Proyecto Genoma Humano, que llevó más de una década y costó miles de millones de dólares, podría completarse ahora en una tarde por menos de mil dólares. Y esto es solo un ejemplo: la potencia informática y las tecnologías de imagen nos permiten asomarnos al interior de los embriones e, incluso, ver cómo las moléculas trabajan en las células. La tecnología del ADN se ha vuelto tan poderosa que animales tan diversos como las ranas y los monos pueden clonarse con facilidad, y los ratones pueden modificarse con genes humanos o de moscas. El ADN de casi cualquier animal puede editarse, lo que nos da el poder de eliminar y reescribir el código genético que construye los cuerpos de casi todas las especies animales y vegetales. Podemos preguntarnos, a nivel de ADN, qué combinación de genes hace que una rana sea diferente de una trucha, un chimpancé o un ser humano.

Esta revolución nos ha llevado a un momento extraordinario. Las rocas y los fósiles, unidos a la tecnología del ADN, tienen el poder de sondear algunas de las cuestiones clásicas con las que se debatieron Darwin y sus contemporáneos. Estos nuevos experimentos revelan una historia de miles de millones de años llena de cooperación, reutilización, competencia, robo y guerra. Y eso es justo lo que ocurre dentro del propio ADN. Con tantos virus que lo infectan continuamente y sus propias partes en guerra entre sí, el genoma de cada célula animal se agita mientras hace su trabajo generación tras generación. El resultado de este dinamismo han sido nuevos órganos y tejidos, así como varias innovaciones biológicas que han cambiado el mundo.

Cuando surgió la vida, durante varios miles de millones de años el planeta fue como un zoo de microbios. Tan solo hace unos mil millones de años, los microbios unicelulares dieron lugar a criaturas con cuerpo. Unos cientos de millones de años más fueron testigos del origen de todo, desde la aparición de las medusas hasta las personas. Desde entonces, las criaturas han evolucionado para nadar, volar y pensar, y cada invento ha presagiado el siguiente. Las aves utilizan alas y plumas para volar. Los animales terrestres tienen pulmones y extremidades… y la lista continúa. A partir de estos primitivos ancestros, los animales han evolucionado para ser capaces de vivir en el fondo del océano, habitar desiertos estériles, prosperar en las cimas de las montañas más altas e incluso caminar sobre la Luna.

Las grandes transformaciones de la historia de la vida han provocado cambios radicales en la forma de vida de los animales y en la organización de sus organismos. La evolución de los peces a seres terrestres, el origen de las aves y el nacimiento de los propios organismos a partir de seres unicelulares son solo algunas de las grandes revoluciones de la historia de la vida. Y la ciencia que las investiga está llena de sorpresas. Si crees que las plumas surgieron para ayudar a los animales a volar, o que los pulmones y las patas para ayudar a los animales a caminar sobre la tierra, podrías tener razón, pero también estarías totalmente equivocado.

Los avances de esta ciencia podrían ayudar a responder algunas de las preguntas más básicas de nuestra existencia: ¿es nuestra presencia en este planeta fruto de la casualidad? ¿O la historia que nos ha traído hasta aquí era inevitable de algún modo?

La historia de la vida ha sido un largo, extraño y maravilloso viaje de ensayo y error, azar e inevitabilidad, desvíos, revolución e invención. Ese camino, y la forma en que hemos llegado a conocerlo, es la historia de este libro.

1

CINCO PALABRAS

Algunas personas encuentran el propósito de su vida en un laboratorio o sobre el terreno. Yo encontré el mío en la diapositiva de una presentación.

Cuando era estudiante de posgrado, asistí a una clase impartida por un científico veterano sobre los grandes éxitos de la historia de la vida. Era un curso breve, una especie de cita rápida con los grandes enigmas de la evolución. El tema de debate de cada semana era una transformación evolutiva diferente. En una de las primeras sesiones, el profesor mostró un corto de dibujos animados que mostraba lo que sabíamos entonces, en 1986, sobre la transición de los peces a los animales terrestres. En la parte superior del dibujo había un pez y en la inferior un anfibio fósil primitivo. Una flecha señalaba del pez al anfibio. Lo que me llamó la atención fue la flecha, no el pez. Miré la figura y me rasqué la cabeza. Peces caminando por tierra: ¿cómo podía ocurrir?

Parecía un enigma científico de primera clase al que dedicarme. Fue amor a primera vista. Así empezaron cuatro décadas de expediciones a los dos polos y a varios continentes, a la caza de fósiles que demostraran cómo se produjo este acontecimiento.

Sin embargo, cuando intentaba explicar mi búsqueda a mis familiares y amigos, a menudo recibía miradas compasivas y secas preguntas. Transformar un pez en un animal terrestre significaba desarrollar un nuevo tipo de esqueleto, con extremidades para caminar en lugar de aletas para nadar. Además, tuvo que surgir una nueva forma de respirar, con pulmones en lugar de branquias. También tuvieron que cambiar la alimentación y la reproducción: comer y poner huevos en el agua es muy diferente de lo que ocurre en tierra. Prácticamente todos los sistemas del cuerpo tendrían que transformarse al mismo tiempo. ¿De qué serviría tener extremidades para caminar en tierra si el animal no podía respirar, alimentarse o reproducirse? Vivir en tierra requiere no solo un cambio, sino la interacción de cientos de ellos. Esta dificultad es válida para cada una de los miles de transiciones de la historia de la vida, desde los orígenes del vuelo y la marcha bípeda hasta los orígenes de los cuerpos y la vida misma. Mi búsqueda parecía condenada al fracaso desde el principio.

La solución a este dilema se encuentra en una famosa cita de la dramaturga Lillian Hellman. Al describir su vida —desde su inclusión en la lista negra del Comité de Actividades Antiamericanas de la Cámara de Representantes durante la década de 1950 hasta su dura estilo de vida— dijo una vez: «Nada, por supuesto, empieza en el momento en que crees que empieza». Con esa frase describió, por casualidad, uno de los conceptos más poderosos de la historia de la vida, que explica el origen de casi todos los órganos, tejidos y fragmentos de ADN de todas las criaturas del planeta Tierra.

Las semillas de esta idea en biología comenzaron como consecuencia del trabajo de una de las figuras más autodestructivas de toda la ciencia, que siendo fiel a su estilo, cambió el campo al equivocarse.

Para comprender el significado de los recientes descubrimientos sobre el genoma, debemos remontarnos a una época anterior de exploración. La Inglaterra victoriana fue un crisol de ideas y descubrimientos perdurables. Saber que las ideas sobre cómo funciona el ADN en la historia de la vida fueron desarrolladas en una época en la que la gente ni siquiera sabía que existían los genes tiene algo de poético.

George Jackson Mivart (1827-1900) nació en Londres en una familia fervientemente evangélica. Su padre había ascendido de mayordomo a propietario de uno de los principales hoteles de la ciudad. La posición de Mivart padre dio a su hijo la oportunidad de alcanzar la posición social de un caballero y le concedió el privilegio de realizar la carrera de su elección. Al igual que su contemporáneo Charles Darwin, Mivart era un apasionado por la naturaleza. De niño coleccionaba insectos, plantas y minerales, a menudo tomaba muchas notas de campo e ideaba esquemas de clasificación. Mivart parecía destinado a dedicarse a la historia natural.

Entonces intervino el tema dominante de su vida personal: la lucha con la autoridad. En su preadolescencia, Mivart se sintió cada vez más incómodo con la fe anglicana de su familia. Para gran consternación de sus padres, se convirtió al catolicismo romano. Este paso, audaz para un joven de dieciséis años, tuvo consecuencias imprevistas. Su recién descubierta lealtad a la Iglesia Católica le impidió asistir a Oxford o Cambridge, ya que el acceso a las universidades inglesas estaba vetado a los católicos en aquella época. Al no poder matricularse en un programa de historia natural, eligió la única opción que le quedaba: estudiar Derecho en el Inns of Court, donde la religión no era un obstáculo. Mivart se hizo abogado.

No está claro si Mivart ejerció alguna vez la abogacía, pero la historia natural siguió siendo su pasión. Aprovechando su condición de caballero, entró en la alta sociedad científica, donde entabló relaciones con figuras clave de la época, sobre todo con Thomas Henry Huxley (1825-95), que pronto se convertiría en un destacado defensor de las ideas de Darwin en la esfera pública. Huxley era un consumado anatomista comparativo por derecho propio y había reunido a un grupo de entusiastas aprendices. Mivart se hizo gran amigo del hombre, trabajó en su laboratorio e incluso participó en algunas de sus reuniones familiares. Bajo la tutela de Huxley, Mivart produjo algunos trabajos esenciales, aunque, sobre todo, descriptivos, acerca de la anatomía comparada de los primates. Estas descripciones detalladas del esqueleto siguen siendo útiles hoy en día. Cuando Darwin publicó su primera edición de *El origen de las especies* en 1859, Mivart se consideraba partidario de la nueva idea de Darwin, probablemente influido del fervor de Huxley.

Sin embargo, y como había ocurrido con la fe anglicana de su juventud, Mivart empezó a dudar sobre las ideas de Darwin y desarrolló objeciones intelectuales a la idea darwiniana del cambio gradual. Empezó a manifestar sus ideas en público, primero con suavidad y luego con más fuerza. Con pruebas que apoyaban su desacuerdo, redactó una respuesta a *El origen de las especies*. Si le quedaban amigos entre sus antiguos colegas del mundo de la historia natural, acabó de perderlos con el simple cambio de una palabra del título de Darwin: *La génesis de las especies (On the Genesis of Species)*.

Como si eso no fuera suficiente, Mivart empezó a criticar a la Iglesia católica. Escribió varias publicaciones eclesiásticas donde señalaba que el nacimiento virginal y la infalibilidad de la doctrina eclesiástica eran tan inverosímiles como las ideas de Darwin. Con la publicación de *La génesis de las especies,* Mivart fue prácticamente excomulgado de la ciencia. Sus escritos

George Jackson Mivart, que consiguió ofender
a todos los bandos del debate sobre la evolución.

llevaron a la Iglesia católica a excomulgarle seis semanas antes de su muerte en 1900.

El desafío de Mivart a Darwin refleja las encarnizadas luchas intelectuales de la Inglaterra victoriana y al mismo tiempo articula un escollo que mucha gente sigue teniendo con Darwin. Mivart abrió su ataque refiriéndose a sí mismo en tercera persona, utilizando un lenguaje destinado a establecer su credibilidad como una persona de mente abierta: «En un principio, no estaba dispuesto a rechazar la fascinante teoría de Darwin».

Mivart empieza a exponer sus argumentos con un capítulo sustancial en el que esboza lo que considera el defecto fatal de Darwin, llamándolo «la incompetencia de la selección natural para dar cuenta de las etapas incipientes de las estructuras útiles». El título es un poco como un trabalenguas, pero resume una cuestión crucial: Darwin concebía la evolución como una sucesión de estados intermedios e incontables de una especie a otra. Para que la evolución funcionara, cada uno de esos estados intermedios tenía que ser adaptativo y aumentar la capacidad del individuo para prosperar. Para Mivart, estas etapas intermedias no parecían plausibles. Pongamos por ejemplo el origen del vuelo. ¿Qué utilidad podría tener una fase temprana en el origen de unas alas? El fallecido paleontólogo Stephen Jay Gould llamó a esta cuestión el «problema del porcentaje del 2 % de un ala»: una diminuta ala primitiva en un ancestro de ave no sirve para nada. En algún momento estas alas podrían llegar a ser lo suficientemente grandes como para que un animal pudiese planear con ellas, pero un ala diminuta no puede utilizarse para ningún tipo de vuelo propulsado.

Mivart ofreció un caso tras otro en los que las etapas intermedias parecían inverosímiles. Los peces planos tienen dos ojos en un lado del cuerpo, las jirafas poseen los cuellos largos, algunas ballenas tienen barbas, varios insectos imitan la corteza de los árboles y así sucesivamente. ¿Qué utilidad podría tener un leve desplazamiento fraccionado de los ojos, el alargamiento del cuello o una sutil variación de coloración? ¿Qué tal una mandíbula con solo una astilla de barbas para alimentar a toda una ballena? La evolución, al parecer, consistía en innumerables callejones sin salida entre los estados finales de cualquier transición importante.

Mivart fue uno de los primeros científicos en llamar la atención sobre el hecho de que en las grandes transiciones evolutivas no cambia un solo órgano, sino todo un conjunto de características corporales. ¿De qué serviría desarrollar extremidades para caminar sobre la tierra si una criatura no tuviera pulmones para respirar aire? Otro ejemplo: el origen del vuelo de las aves. El vuelo motorizado requiere muchos inventos diferentes: alas, plumas, huesos huecos, metabolismos elevados. Sería inútil que una criatura con huesos tan toscos como los de un elefante o un metabolismo tan lento como el de una salamandra desarrollara alas. Si para cualquier gran transformación es necesario que cambien cuerpos enteros y que cambien simultáneamente muchas características, ¿cómo es posible que las grandes transiciones se produzcan de forma gradual?

En el siglo y medio transcurrido desde la publicación de las ideas de Mivart, han sido la piedra angular de muchas críticas a la evolución. En su momento, sin embargo, también sirvieron para catalizar una de las grandes ideas de Darwin.

Darwin vio en Mivart un crítico importante. Mientras que la primera edición de *El origen de las especies* fue en 1859; el libro de el caballero inglés apareció en 1871. En la sexta edición definitiva de *El origen de las especies,* publicada en 1872, Darwin añadió un nuevo capítulo para responder a sus críticos, entre ellos Mivart.

Fiel a las convenciones del debate victoriano, Darwin comenzó diciendo: «Un distinguido zoólogo, el Sr. St. George Mivart, ha recopilado recientemente todas las objeciones que otros y yo hemos presentado contra la teoría de la selección natural, tal como la propuse junto con el Sr. Wallace, y las ha ilustrado con admirable arte y fuerza». Y continuó: «Cuando se reúnen así, forman un conjunto formidable».

Luego acalló la crítica de Mivart con una sola frase, seguida de copiosos ejemplos propios. «Todas las objeciones del Sr. Mivart serán, o han sido, consideradas en el presente volumen. El único punto nuevo que parece haber impresionado a muchos lectores es: "Que la selección natural es incompetente para explicar las etapas incipientes de las estructuras útiles". Este tema está íntimamente relacionado con el de la gradación de los caracteres, a menudo acompañada de un cambio de función».

Es difícil sobrestimar la importancia que estas cinco últimas palabras han tenido para la ciencia. Contienen las semillas de una nueva forma de ver las grandes transiciones en la historia de la vida.

¿Cómo es posible? Como de costumbre, los peces aportan nuevas perspectivas.

Un soplo de aire fresco

Cuando Napoleón Bonaparte invadió Egipto en 1798, trajo con su ejército algo más que barcos, soldados y armas. Viéndose a sí mismo como un científico, quería transformar Egipto para controlar el Nilo, mejorar su nivel de vida y comprender su historia cultural y natural. En su equipo figuraban algunos de los principales ingenieros y científicos franceses. Entre ellos se encontraba Étienne Geoffroy Saint-Hilaire (1772-1844).

A los veintiséis años, Saint-Hilaire era un prodigio de la ciencia. Era catedrático de zoología en el Museo de Historia Natural de París y estaba destinado a convertirse en uno de los más grandes anatomistas de todos los tiempos. Ya a los veinte años era popular por sus descripciones anatómicas de mamíferos y peces. En el séquito de Napoleón tuvo la estimulante tarea de diseccionar, analizar y dar nombre a muchas de las especies que los equipos de Napoleón encontraban en los uadis, oasis y ríos de Egipto. Uno de ellos era un pez del que el director del museo de París dijo más tarde que justificaba toda la excursión egipcia de Napoleón. Por supuesto, Jean-François Champollion, que descifró los jeroglíficos egipcios utilizando la Piedra Rosetta, probablemente se opuso a esa descripción.

Con sus escamas, aletas y cola, la criatura parecía un pez normal por fuera. En la época de Saint-Hilaire, las descripciones anatómicas exigían unas disecciones muy minuciosas, a menudo con la ayuda de un equipo de artistas que plasmaban cada detalle importante en unas litografías preciosas, a menudo coloreadas. La parte superior del cráneo tenía dos agujeros en la parte trasera, cerca del hombro. Eso ya era extraño de por sí, pero la verdadera sorpresa estaba en el esófago. Normalmente, trazar el esófago en la disección de un pez es un asunto bastante anodino, ya que se trata de un simple tubo que va de la boca al estómago. Pero este era diferente: tenía un saco de aire a cada lado.

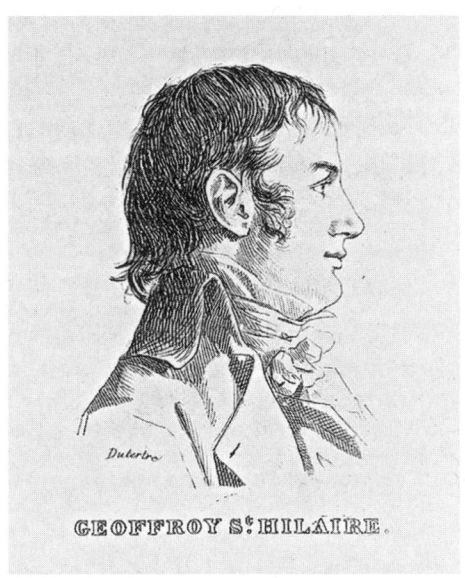

Étienne Geoffroy Saint-Hilaire, prodigio científico.

Este tipo de saco era conocido por la ciencia de la época. Se habían descrito vejigas natatorias en diversos peces; incluso Goethe, el poeta y filósofo alemán, se refirió a ellas en una ocasión. Presentes tanto en especies oceánicas como de agua dulce, estas bolsas se llenan de aire y luego se desinflan, ofreciendo una capacidad de flotar neutra cuando un pez navega a diferentes profundidades de agua. Como un submarino que expulsa aire al grito de «¡sumérgete, sumérgete, sumérgete!», la concentración de aire de la vejiga natatoria cambia, de forma que el animal es capaz de desplazarse a distintas profundidades y presiones de agua.

Al seguir diseccionando se llevaron otra sorpresa: estos sacos aéreos estaban conectados al esófago a través de un pequeño conducto. Ese pequeño conducto, una diminuta conexión entre el saco aéreo y el esófago, tuvo un gran impacto en el pensamiento de Saint-Hilaire.

Observar a estos peces en libertad no hizo sino confirmar lo que Saint-Hilaire dedujo de su anatomía. Aspiraban aire por los orificios de la parte posterior de la cabeza. Incluso, mostraban una forma de succión de aire sincronizada con grandes cohortes de ellos resoplando al unísono. Los grupos de estos peces bufadores, conocidos como bichires, solían emitir otros sonidos, como golpes o gemidos, con el aire que inhalaban, con el objetivo de aparearse.

Estos peces hacían otra cosa inesperada. Respiraban aire. Los sacos estaban llenos de vasos sanguíneos, lo que demostraba que los peces utilizaban este sistema para llevar oxígeno a su torrente sanguíneo. Y, lo que es más importante, respiraban a través de los orificios de la parte superior de la cabeza, llenando los sacos de aire mientras sus cuerpos permanecían en el agua.

Se trataba de un pez que tenía branquias y un órgano que le permitía respirar aire. Ni que decir tiene que este pez se convirtió en una causa célebre. Unas décadas después del descubrimiento egipcio, un equipo austriaco fue enviado a una expedición para explorar el Amazonas con motivo de la boda de una princesa austriaca. El equipo recolectó varios insectos, ranas y plantas: nuevas especies a las que dar nombre en honor de la familia real. Entre los descubrimientos había un nuevo pez que, como cualquier otro, tenía branquias y aletas. Pero en su interior también tenía unas inconfundibles tuberías vasculares: no era un simple saco de aire, sino un órgano cargado de lóbulos, riego sanguíneo y tejidos característicos de unos pulmones auténticamente humanos. Se trataba de una criatura que tendía un puente entre dos grandes formas de vida: los peces y los anfibios. Para captar la confusión, los exploradores le dieron el nombre de *Lepidosiren paradoxa*, que en latín significa «salamandra de escamas paradójicas».

Llámelos como quiera —peces, anfibios o algo intermedio—, estas criaturas tenían aletas y branquias para vivir en el agua, pero también pulmones para respirar aire. Y no se trataba de un caso aislado. En 1860, se descubrió otro pez con pulmones en Queensland (Australia).

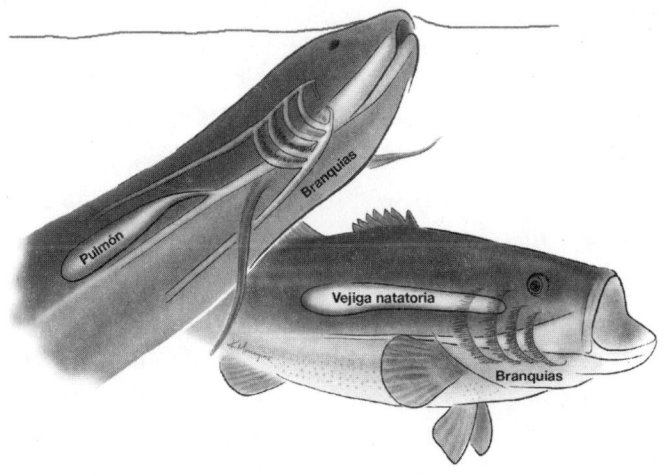

Los peces pulmonados tienen pulmones y branquias. Utilizan pulmones como los nuestros para respirar aire cuando el contenido de oxígeno del agua no satisface sus necesidades. Otros tienen vejigas natatorias que les ayudan a flotar.

Este pez también tenía una dentadura muy característica. En forma de cuchillo plano, esos dientes ya se habían encontrado en el registro fósil de una especie extinguida hacía mucho tiempo: un animal llamado *Ceratodus* hallado en rocas de más de 200 millones de años. La conclusión era clara: los peces pulmonados que respiraban aire eran globales y llevaban cientos de millones de años viviendo en la Tierra.

Una observación aberrante puede cambiar nuestra forma de ver el mundo. Los pulmones y las vejigas natatorias de los peces dieron lugar a una generación de científicos interesados en explorar la historia de la vida observando tanto los fósiles como los seres vivos. Los fósiles muestran cómo era la vida en un pasado remoto y los seres vivos revelan cómo funcionan las estructuras anatómicas y cómo se desarrollan los órganos desde el huevo hasta el adulto. Como veremos, se trata de un método muy eficaz.

La relación entre los estudios de fósiles y los embriones fue un fructífero campo de investigación para los científicos naturales que siguieron a Darwin. Bashford Dean (1867-1928) tuvo una distinción poco habitual en los círculos académicos: es la única persona que ha ocupado un cargo de conservador tanto en el Museo Metropolitano de Arte como, justo enfrente de Central Park, en el Museo Americano de Historia Natural. Tenía dos pasiones en la vida: los peces fósiles y las armaduras de combate. Fundó la colección y las exposiciones de armaduras del Met, e hizo lo mismo con la colección de peces del Museo de Historia Natural. Como corresponde a una persona con tales intereses, era un individuo estrafalario. Diseñó su propia armadura y llegó a lucirla por las calles de Manhattan.

Cuando no estaba vistiendo mallas medievales, Bashford Dean estudiaba peces antiguos. Creía que en algún lugar de

A Bashford Dean, conservador del Museo Metropolitano de Arte y del Museo Americano de Historia Natural, le encantaban las armaduras de combate y los peces.

la transformación del embrión de huevo a adulto estaban las respuestas a los misterios de la historia y al mecanismo de descendencia de los peces actuales a partir de especies ancestrales. Comparando embriones de peces con fósiles y repasando los trabajos de los laboratorios de anatomía de la época, Dean vio que los pulmones y las vejigas natatorias tenían en esencia el mismo aspecto durante el desarrollo.

Ambos órganos brotan del tubo digestivo y ambos forman sacos de aire. La principal diferencia es que las vejigas natatorias se desarrollan en la parte superior de la trompa, cerca de la columna vertebral, mientras que los pulmones brotan de la parte inferior, es decir, del vientre. A partir de estos datos, Dean argumentó que las vejigas natatorias y los pulmones eran versiones diferentes de un mismo órgano, formadas en el mismo proceso de desarrollo. De hecho, prácticamente todos los peces, salvo los tiburones, tienen algún tipo de bolsa de aire. Como muchas ideas científicas, la comparativa de Dean tiene una larga historia. Sus antecedentes se remontan a los trabajos de los anatomistas alemanes del siglo XIX.

Pero ¿qué dicen los sacos aéreos sobre la crítica de Mivart y la respuesta de Darwin?

Un número sorprendente de peces puede respirar aire durante largos periodos de tiempo. El saltarín del fango, de quince centímetros de largo, puede caminar y vivir en el fango durante más de veinticuatro horas. La perca trepadora (con un nombre más que acertado) puede desplazarse de un estanque a otro según sus necesidades, a veces incluso trepando por ramas y pisando ramitas en el proceso. Pero esa perca es solo una especie. Cientos de especies pueden tragar aire cuando disminuye la concentración de oxígeno en el agua que habitan. ¿Cómo lo hacen?

Algunos, como el saltarín del fango, absorben oxígeno a través de la piel. Otros tienen un órgano especial de intercambio de gases sobre las branquias. Algunos siluros y otras especies absorben el oxígeno a través de las vísceras, tragando aire como si fuera comida, para luego utilizarlo para respirar. Algunos peces tienen pulmones parecidos a los nuestros. Los peces pulmonados viven en el agua y respiran con las branquias la mayor parte del tiempo, pero cuando el contenido de oxígeno de su corriente no es suficiente para sostener su metabolismo, salen a la superficie y tragan aire con los pulmones. La respiración por aire no es una loca excepción en un pez raro, sino la situación habitual.

Recientemente, investigadores de la Universidad de Cornell han vuelto a comparar las vejigas natatorias con los pulmones utilizando nuevas técnicas genéticas. Su pregunta era: ¿Qué genes ayudan a construir las vejigas natatorias de los peces durante el desarrollo? Al examinar el catálogo de genes activos en los embriones de peces, descubrieron algo que habría complacido tanto a Dean como a Darwin. Los genes que se utilizan para construir las vejigas natatorias de los peces son los mismos que se utilizan para fabricar los pulmones, tanto en los peces como en las personas. La existencia de un saco de aire es común a prácticamente todos los peces; algunos los utilizan como pulmones, mientras que otros los emplean como dispositivos de flotabilidad.

Aquí es donde la respuesta de Darwin a Mivart resulta tan clarividente. El ADN muestra claramente que los peces pulmonados, los bichires de Saint-Hilaire y otros peces con pulmones son los parientes vivos más similares a las criaturas terrestres. Los pulmones no son un invento que surgiera de repente cuando las criaturas evolucionaron para caminar. Los peces respiraban aire con pulmones mucho antes de que los animales pisaran tierra firme. La invasión de la tierra por los descendientes de los peces no originó un nuevo órgano, sino que modificó la función de un órgano que ya existía. Además, prácticamente todos los peces tienen algún tipo de saco de aire, ya sea pulmón o vejiga natatoria. Los sacos aéreos pasaron de utilizarse para una vida en el agua a permitir que las criaturas vivieran y respiraran en tierra. El cambio no implicó el origen de un órgano nuevo, sino que la transformación fue, como dijo Darwin de forma más general, «acompañada de un cambio de función».

Provocar una crisis

El blanco de la crítica de Mivart contra Darwin no habían sido los peces ni los anfibios, sino las aves. En aquella época, el origen del vuelo era un misterio colosal. En la primera edición de *El origen de las especies*, de 1859, Darwin había escrito unas predicciones muy concretas. Si su teoría de una ascendencia común de la vida en la Tierra era cierta, debería haber intermediarios en el registro fósil, que representaran transiciones entre las diferentes formas de vida. En aquel momento, no se conocía ninguno y mucho menos uno que relacionara las aves voladoras con criaturas que vivieran en el suelo.

Sin embargo, Darwin no tuvo que esperar mucho. En 1861, los trabajadores de una cantera de piedra caliza de Alemania descubrieron un fósil extraordinario. La piedra caliza de grano fino de la cantera la convertía en una piedra ideal para las losas utilizadas en litografía, el proceso de impresión de la época. La caliza se formó en un entorno lacustre muy suave, lo que significa que lo que se capturó en su interior estuvo relativamente inalterado. Estas rocas son casi perfectas para conservar fósiles.

Esta losa contenía una curiosa impresión, la captura de algo largo y con forma de pluma. Parecía una pluma perfectamente formada. Pero la razón de por qué habría una pluma en estas rocas era un misterio. La piedra caliza que presentaba la extraña impresión databa del Jurásico. Décadas antes de este descubrimiento, el aristócrata y naturalista alemán Alexander von Humboldt (1769-1859) había observado una piedra caliza característica en los montes Jura, en frontera con Francia y Suiza. Esta caliza formaba una capa que se extendía a lo largo de varios kilómetros. Von Humboldt le dio el nombre de Jurásico por sus características distintivas, sugiriendo que podría datar de una época especial de la historia de la Tierra. Poco después, otros científicos observaron que la capa jurásica suele estar llena de fósiles, como grandes criaturas enroscadas y con caparazón conocidas como ammonites. Se encontraron fósiles similares en todo el mundo, lo que llevó a los investigadores a reconocer el Jurásico como una edad distintiva más global, no particular de Francia y Suiza.

Después, a principios del siglo XIX, se encontraron grandes dientes y mandíbulas en rocas del Jurásico en Inglaterra. Descubrimientos similares empezaron a sucederse por todas partes. Pronto quedó claro que el Jurásico había sido la era no solo de las criaturas enroscadas y con caparazón, sino también de los dinosaurios. La impresión de las plumas reveló aún más. ¿Había aves que volaban por encima de los dinosaurios terrestres durante el Jurásico?

Un fósil aislado de una pluma daba lugar a muchas ideas tentadoras. ¿Quizá estaba unida a un ave del Jurásico? ¿O tal vez algún tipo de criatura desconocida también tenía plumas? Esta hipótesis no podía descartarse.

Pocos años después del descubrimiento de la pluma, en 1861, un granjero intercambió un fósil por servicios médicos. Este fósil procedía de la misma piedra caliza que la pluma aislada. El médico que lo compró era un anatomista apasionado por los fósiles. Por consiguiente, supo a primera vista que no se trataba de una losa de piedra caliza cualquiera. El fósil que había dentro tenía impresiones de plumas que cubrían el cuerpo y la cola, y estaban unidas a un esqueleto casi completo con huesos huecos y alas. En vista del valor del espécimen, el médico abrió una guerra de ofertas entre los museos por él, llegando a obtener 750 libras del Museo Británico.

En los quince años siguientes aparecieron más especímenes. A mediados de la década de 1870, un granjero llamado Jakob Niemeyer vendió un fósil al propietario de una cantera por el precio de una vaca. El dueño de la cantera, conocedor del renombre del médico que había llevado el espécimen anterior a Londres, vendió el fósil al mismo médico en 1881. Este esqueleto alcanzó las mil libras en el Museo de Historia Natural de Berlín. Hoy en día, se han descubierto un total de siete ejemplares.

La criatura cubierta de plumas, apodada *Archaeopteryx*, tenía una curiosa mezcla de rasgos. Como un pájaro, tenía alas repletas de plumas y huesos huecos. Pero, a diferencia de cualquier ave conocida, tenía dientes de carnívoro, un esternón plano y tres afiladas garras en los huesos de las puntas de las alas.

Este descubrimiento no pudo producirse en mejor momento para la teoría de Darwin. Cuando Thomas Henry Huxley examinó los dientes, extremidades y garras del *Archaeopteryx*, vio un profundo parecido entre este y los reptiles. Comparó el *Archaeopteryx* con otra criatura de la caliza del Jurásico, un pequeño dinosaurio conocido como *Compsognathus*. Las dos criaturas eran del mismo tamaño y tenían un esqueleto similar, excepto por las plumas. Huxley proclamó que el *Archaeopteryx* era la prueba de la teoría de Darwin: era un intermediario entre los reptiles y las aves. Darwin incluso hizo referencia al *Archaeopteryx* en su cuarta edición de *El origen de las especies:* «Difícilmente ningún descubrimiento reciente como este demuestra con fuerza lo poco que sabemos aún de los antiguos habitantes del mundo».

Comparaciones como la de Huxley encendieron una amplia polémica. Si el *Archaeopteryx* era la prueba de que las aves estaban emparentadas con los reptiles, ¿qué reptiles eran sus antepasados? Había varios candidatos obvios, cada uno con sus propios defensores. Algunos proponían que la larga cola del *Archaeopteryx* y la forma de su cráneo revelaban que los antepasados de las aves eran criaturas pequeñas, carnívoras y parecidas a los lagartos. Otros comparaban las aves con otro grupo de reptiles voladores del Jurásico, los pterosaurios. La dificultad de esta teoría radicaba en que, si bien los pterosaurios tenían alas y volaban, los huesos que formaban sus alas son muy diferentes de los de las aves. Las alas de los pterosaurios están sostenidas por un cuarto dedo alargado, mientras que las de las aves están sostenidas tanto por plumas como por una combinación de dedos. A otros les impresionó la comparación que hizo Huxley entre el *Archaeopteryx* y el pequeño dinosaurio.

La idea de que el antepasado de las aves fuera algún tipo de dinosaurio fue ganando destacados detractores a lo largo de los años, cada uno de ellos basándose en argumentos diferentes. Un investigador afirmó haber encontrado un defecto en la ascendencia dinosauriana de las aves: estas tienen clavículas, mientras que los dinosaurios, a diferencia de todos los demás reptiles, no las tienen. Otros investigadores consideraban que los dinosaurios y las aves eran completamente diferentes en cuanto al estilo de vida y metabolismo, hasta el punto de que los dinosaurios nunca podrían considerarse los antepasados de las aves. Los dinosaurios eran, con pocas excepciones, grandes bestias de movimientos lentos, poco parecidas a las aves, pequeñas y muy activas. El *Archaeopteryx,* para muchos, no era más que un ave y no decía mucho sobre la transición. La lucha continuó, en gran parte, porque la crítica esencial de Mivart seguía en pie: ¿Cómo pudieron surgir las plumas y todos los demás rasgos especializados de las aves, incluidos los del *Archaeopteryx*?

La idea de que los dinosaurios eran bestias enormes y torpes tiene una larga historia. También lo tiene la desaparición de este punto de vista, que comenzó con los trabajos de un científico ecléctico al que, como a Bashford Dean, le encantaba ponerse trajes militares.

Franz Nopcsa von Felső-Szilvás (1877-1933), conocido como el barón Nopcsa de Săcel, fue un hombre de intensas pasiones y gran intelecto. A los dieciocho años descubrió unos huesos en la finca de su familia en Transilvania. Tras aprender anatomía de forma autodidacta, en 1897 publicó una descripción científica formal de los mismos como un gran dinosaurio. Nopcsa escribió un libro de setecientas páginas sobre la geología de Albania, así como docenas de artículos científicos en varios idiomas. Sirvió como espía para Austria y trabajó para organizar la resistencia de los albaneses contra los turcos para conseguir su libertad. El verdadero sueño del barón era asumir el trono

Barón Nopcsa con uniforme albanés. Al igual que Dean, estudiaba la historia profunda de las innovaciones evolutivas y también disfrutaba luciendo armaduras y galas militares.

de Albania. Por desgracia, su vida terminó cuando, tras acumular grandes deudas, disparó a su amante y luego se apuntó a sí mismo.

Tras su encuentro con los huesos en las tierras de su familia en 1895, Nopcsa amasó una gran colección de fósiles y se dedicó a estudiar los dinosaurios de Transilvania, tanto sus huesos como las huellas que dejaron en las piedras conservadas por toda Europa oriental. Observando las huellas conservadas en las rocas, vio rastros de criaturas vivas que respiraban y caminaban por el barro. Las marcas en el barro mostraban con claridad que los animales que las dejaron podían correr rápido.

Estos animales empujaban con fuerza contra el suelo, y la distancia entre las huellas revela que sabían correr. La conclusión era clara: lejos de ser bestias lentas como los elefantes, los dinosaurios eran depredadores rápidos y activos. Nopcsa llevó esta idea aún más lejos: como los dinosaurios corredores eran rápidos y ligeros, debían ser excelentes predecesores de las aves. En su opinión, la necesidad de velocidad les habría llevado al aire y las alas emplumadas habrían ayudado a los protopájaros a agitar los brazos para aumentar la velocidad y atrapar a sus presas.

Cuando publicó su idea en 1923, Nopcsa fue ignorado, la pesadilla de la mayoría de los científicos. La teoría dominante durante mucho tiempo, promulgada entonces con fuerza por el eminente paleontólogo de Yale O. C. Marsh, sostenía que los dinosaurios eran grandes y de movimientos lentos, y que las aves procedían de antepasados planeadores. El vuelo motorizado se originó presumiblemente en animales arborícolas que planeaban para desplazarse de rama en rama. Con el tiempo, el vuelo evolucionó a partir de estos antepasados planeadores. El atractivo intuitivo de esta teoría queda patente en la diversidad de animales planeadores que existen hoy en día, desde ranas y serpientes hasta ardillas y lémures. Como en teoría se necesitan menos invenciones complejas para convertirse en planeador que en aviador, el planeo parecía un primer paso lógico en el origen del vuelo propulsado.

En la década de 1960, John Ostrom, entonces científico novato en Yale, intentaba comprender cómo habían vivido los dinosaurios con pico de pato. Estos dinosaurios, que llenaban las salas de casi todos los grandes museos, suelen tener enormes crestas en el cráneo que sobresalen de su pico epónimo. Durante años, las exposiciones de los museos los describían como lentos herbívoros que se desplazaban sobre cuatro patas, casi como elefantes reptiles. Pero, cuanto más observaba Ostrom los huesos, menos sentido tenía esta interpretación. En primer lugar, las extremidades delanteras eran relativamente cortas. Unas extremidades delanteras enclenques con unas traseras robustas los convertían en animales extrañamente encorvados que caminaba sobre cuatro patas. Además, las crestas y proyecciones de las extremidades posteriores sugerían que poseían unos músculos muy potentes para moverlas. En conjunto, estas observaciones implicaban que los hadrosaurios habían sido en su mayoría bípedos. Ostrom fue aún más lejos: no los veía como bestias pesadas como los elefantes, sino como corredores bípedos relativamente activos. Los llamó búfalos bípedos.

El intercambio Mivart-Darwin del siglo XIX adquirió un nuevo significado cuando Ostrom se adentró en las tierras baldías de Wyoming en la década de 1960. Como la mayoría de los paleontólogos, Ostrom vivía dos vidas: la de académico y profesor durante el curso escolar y la de polvoriento y agitado expedicionario en verano. En agosto de 1964, estaba terminando una expedición sin pena ni gloria cerca de la ciudad de Bridger, Montana, con el objetivo de buscar yacimientos para el trabajo del año siguiente. Al descender por la ladera de un acantilado, él y un ayudante se vieron sorprendidos por algo que sobresalía de entre las rocas. Resultó ser una mano de unos quince centímetros. «Casi rodamos por la ladera en nuestra carrera hacia el lugar», dijo Ostrom más tarde, describiendo la experiencia. La razón de la precipitación residía en lo que salía de la mano: unas garras afiladas y enormes, como no se habían visto antes. Como se trataba de una excursión de reconocimiento del último día, no llevaban herramientas. Los estudiantes de paleontología que lean este párrafo deberían ignorar lo que hicieron a continuación. Rompiendo la directriz principal del trabajo de campo paleontológico en su excitación, cavaron rápidamente con sus manos y navajas para exponer más de la bestia. Al día siguiente, con las herramientas adecuadas, sacaron a la luz un pie y algunos dientes. Los dientes eran los de un depredador, con una punta afilada y bordes dentados. Dos años más de excavaciones dieron como resultado el descubrimiento de gran parte del esqueleto.

El dinosaurio de Ostrom tenía el tamaño de un perro grande, pero sus huesos eran extrañamente ligeros y huecos. La criatura tenía una musculosa cola y sus extremidades posteriores eran extremadamente fuertes y poseían garras. Las garras estaban colocadas en articulaciones, lo que implicaba que podían utilizarse para desollar presas. Ostrom bautizó a la bestia con el nombre de *Deinonychus* ('garra terrible' en griego). En su monografía científica, enterrada en la prosa seca típica del estilo, describió al *Deinonychus* como «depredador, extremadamente ágil y muy activo».

Este *Deinonychus* fue solo el principio. Ostrom y quienes le siguieron cambiaron nuestra concepción de los dinosaurios y, de paso, pusieron de manifiesto la fuerza de la respuesta de Darwin a Mivart. Observaron cada protuberancia, agujero y rasgo de los huesos de los reptiles y los compararon con los huesos de las aves fósiles y vivas. Pronto llegaron a la conclusión de que los dinosaurios, sobre todo los bípedos, y las aves compartían muchas características. Estas especies, los dinosaurios terópodos, tienen rasgos propios de las aves, como huesos huecos y tasas de crecimiento relativamente rápidas. Probablemente eran animales muy activos con metabolismos elevados.

Aunque estos dinosaurios tenían numerosas similitudes con las aves, les faltaba una característica importante: las plumas. Las plumas se consideraban la condición *sine qua non de ser aviar,* asociadas al éxito de las aves y al origen del vuelo.

En 1997, la Sociedad de Paleontología de Vertebrados celebró una reunión en el Museo Americano de Historia Natural de Nueva York. La mayoría de los asistentes sabíamos que algo extraño estaba ocurriendo. Esta reunión internacional suele ser un acontecimiento bastante discreto, con charlas y pósteres acompañados de cócteles y actos sociales. En aquella época, los miembros de la sociedad solían dividirse en grupos, definidos principalmente por las criaturas en las que trabajaban. Los investigadores de mamíferos asistían a las ponencias sobre mamíferos, los paleontólogos de peces a las de peces, y así sucesivamente. Socializábamos y luego nos íbamos cada uno por su lado a las sesiones científicas.

Pero 1997 fue diferente. Había una pregunta en el aire en todas las salas y en todos los grupos: «¿Lo has visto? ¿Es de verdad?».

Deinonychus, el dinosaurio de las garras terribles.

Unos colegas chinos habían aparecido con fotos de una nueva bestia descubierta por unos granjeros en la provincia de Liaoning, al noreste de Pekín. Con huesos huecos, manos y pies con garras y una larga cola, tenía todas las características de un dinosaurio parecido al *Deinonychus*. Pero este fósil estaba exquisitamente conservado. Estaba incrustado en los finos granos característicos de las rocas que conservan impresiones o fragmentos de tejidos blandos fosilizados. Y ahí estaba el rumor: rodeando al dinosaurio había unas plumas inconfundibles. No plumas enteras, sino plumones muy simples. Este dinosaurio había tenido una capa primitiva cubierta de plumas.

Ostrom estaba presente. Yo era entonces un científico novel y recuerdo haberle visto en un descanso entre sesiones, hablando con uno de los paleontólogos más veteranos. Estaba llorando. Sus treinta años de trabajo polémico habían sido reivindicados por un fósil. En aquel momento, se le citó diciendo: «Me temblaron las piernas cuando vi las fotos por primera vez. El recubrimiento aparente de este dinosaurio no se parece a nada que hayamos visto antes en el mundo». Más tarde diría: «Nunca esperé ver algo así en mi vida».

Los dinosaurios emplumados que vimos en Nueva York en 1997 fueron los primeros de una oleada de nuevos fósiles descubiertos en estos yacimientos chinos. En las décadas siguientes surgieron en China unas doce especies de dinosaurios emplumados, que dibujan un panorama de dinosaurios carnívoros con diversas coberturas. Los más primitivos tienen plumas de forma tubular simple. Sin embargo, los dinosaurios más emparentados con el *Archaeopteryx* y las aves tienen plumas reales con un eje central y fibras que se extienden hacia fuera. Las plumas no son una característica altamente especializada de las aves; se encuentran en prácticamente todos los dinosaurios carnívoros.

Las aves se distinguen por algo más que las plumas: tienen espoletas, alas y muñequeras especializadas para volar. Un ala de ave tiene el patrón clásico de un hueso, dos huesos, muñecas y dígitos. Las extremidades de las aves solo tienen tres dedos, no cinco, y el central es alargado, ya que sirve de punto de unión para las plumas. Las aves tienen menos huesos de la muñeca, incluido uno con forma de luna creciente, el hueso semilunar.

Cuanto más los miramos, más podemos comprobar que los inventos anatómicos que utilizan las aves para volar, como las plumas, no son exclusivos de ellas. Con el tiempo, los dinosaurios carnívoros se parecen cada vez más a las aves. Las especies primitivas tienen extremidades con cinco dedos. A lo largo de decenas de millones de años, las especies han perdido dígitos hasta quedarse con el patrón aviar de tres, incluido uno central agrandado que en las aves sirve como base del ala. Al igual que

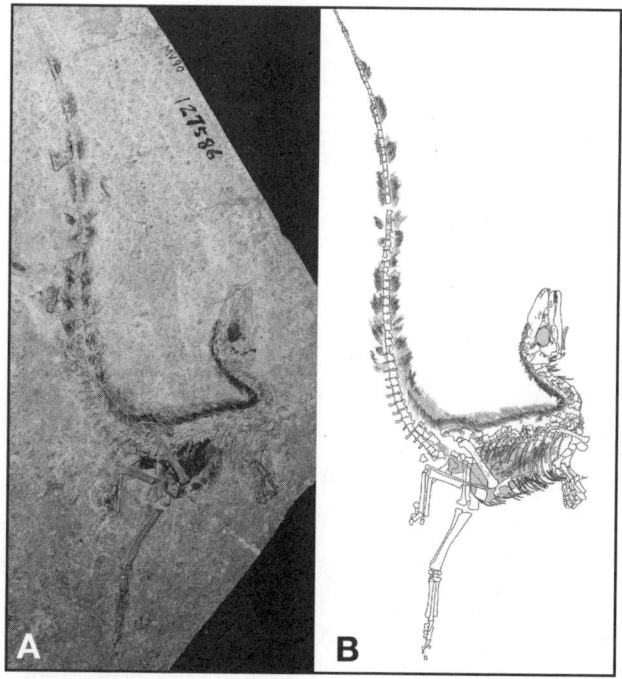

Los dinosaurios emplumados reivindicaron a Ostrom y otros que afirmaban que los dinosaurios son los parientes más cercanos de las aves.

las aves, estos dinosaurios perdieron los huesos de las muñecas y desarrollaron un hueso semilunar, similar al que utilizan las aves para aletear; incluso desarrollaron huesos de la cintura. Ninguno de estos dinosaurios podía volar, pero todos tenían algún tipo de plumas, desde una simple cubierta plumosa en las formas primitivas hasta otras con mayor organización como el *Archaeopteryx* y los dinosaurios posteriores. ¿Qué función tenían las plumas en los dinosaurios? Algunos paleontólogos han propuesto que les servían de reclamo para encontrar pareja. Otros han sugerido que las plumas primitivas servían como aislante, manteniendo caliente la temperatura interna del cuerpo. Tal vez las plumas cumplían ambas funciones. Sea cual sea su función en los dinosaurios, el origen de las plumas no está relacionado con el vuelo.

Al igual que los pulmones y las extremidades en la transición del agua a la tierra, los inventos utilizados para volar precedieron al origen del vuelo. Los huesos huecos, las tasas de crecimiento rápido, los metabolismos elevados, los brazos con forma de ala, las muñecas con articulaciones y, por supuesto, las plumas surgieron originalmente en los dinosaurios que vivían en el suelo y corrían para capturar a las presas. El principal cambio no fue el desarrollo de nuevos órganos en sí, sino la readaptación de características antiguas para nuevos usos y funciones.

Es sabido que las plumas surgieron para ayudar a las aves a volar y los pulmones para permitir a los animales vivir en tierra. Estas nociones son lógicas, obvias… y falsas. Es más, lo sabemos desde hace más de un siglo.

El secreto no tan secreto es que las innovaciones biológicas nunca surgen durante la gran transición a la que se asocian. Las plumas no surgieron durante la evolución del vuelo, ni los pulmones y las extremidades se originaron durante la transición del paso del agua a la tierra. Es más, estas grandes revoluciones en la historia de la vida, y otras similares, nunca podrían haber ocurrido de otro modo. Los grandes cambios en la historia de la vida no tuvieron que esperar al origen simultáneo de muchos inventos. Los cambios masivos se produjeron al reutilizar las estructuras antiguas para nuevos usos. Las innovaciones tienen antecedentes que se prolongan en el tiempo. Nada empieza cuando uno cree que empieza.

Esta es la historia de la revolución por evolución. El cambio en la historia de la vida sigue un camino retorcido, lleno de desvíos, callejones sin salida e inventos que fracasaron solo porque surgieron en el momento equivocado. Las cinco palabras de Darwin, que sostenían que gran parte de las invenciones se producen por un cambio de función de rasgos preexistentes, allanaron el camino para nuestra comprensión de los orígenes de los órganos, las proteínas e incluso nuestro ADN.

Sin embargo, los cuerpos de los peces, los dinosaurios y las personas no aparecen completamente formados en el momento de la concepción. Se construyen de nuevo en cada generación mediante una receta transmitida de padres a hijos. La madre de la invención reside en estas recetas y en cómo, tal y como previó Darwin, pueden surgir en un contexto y, como veremos, reutilizarse en otro.

2

IDEAS EMBRIONARIAS

Carl Linnaeus (1707-78), el padre de la taxonomía moderna, estudió cientos de plantas y animales a lo largo de su vida. Sus clasificaciones científicas dejaban poco espacio a los sentimientos, salvo en un caso. De los miles de animales que Linneo investigó, reservó uno en particular para el escarnio y la burla. Los niños conocen a las salamandras y los tritones como gentiles criaturas de ojos grandes, cabeza grande, cuatro extremidades y cola larga. Sin embargo, Linneo, por alguna razón desconocida, los consideraba «animales tan asquerosos y repugnantes» que proclamó que era una suerte que «el creador no haya ejercido sus poderes para hacer más de ellos».

Mientras que Linneo veía en las salamandras el punto más bajo de la creación, otros afirmaban que eran criaturas elementales, casi mágicas. Los filósofos, desde Plinio el Viejo hasta San Agustín, imaginaban a los tritones y las salamandras como criaturas nacidas de la lava, el infierno o las llamas. Para Agustín, las salamandras eran la prueba física del castigo condenatorio en el fuego. La idea de Agustín deriva de la afirmación de que las salamandras eran resistentes a las llamas y eran capaces de brotar de las hogueras. Estos superpoderes pueden haber reflejado su biología. Como saben los expertos en biología marina y aficionados, algunas especies de salamandras tienen afinidad por la parte inferior de los troncos en descomposición. Es probable que estos hábitats húmedos estuvieran ocultos para quienes en tiempos de Agustín recogían troncos para leña. Cuando encendían estos troncos infectados de salamandras, la sorpresa sin duda daba lugar a especulaciones sobre diabluras.

Aunque hay relativamente pocas especies de salamandras en el mundo, unas quinientas según algunas estimaciones recientes, su relevancia para la condición humana va mucho más allá del odio visceral, los pensamientos del castigo eterno y la vida que surge del fuego. Más bien han catalizado un nuevo enfoque para comprender las grandes transformaciones de la historia de la vida.

En el siglo XIX, las expediciones zoológicas recorrían el mundo explorando continentes, montañas y selvas. Describieron miles de nuevos minerales, especies y artefactos. Los buques de exploración solían llevar un naturalista a bordo cuyo trabajo consistía en recoger y estudiar las especies, rocas y paisajes que encontraba el barco. Las eminencias de la época eran las personas que estaban en condiciones de analizar y publicar sobre los especímenes que llegaban a los muelles y a las estaciones de Londres, París y Berlín.

Si alguna vez un zoólogo tuvo un derecho de nacimiento, ese fue Auguste Duméril (1812-70), profesor del Museo de Historia Natural de París. Al igual que su padre, André, también profesor del museo durante muchos años, sentía pasión por los reptiles y los insectos. Padre e hijo investigaron juntos y colaboraron en la construcción de una colección de animales en el museo, donde se podían observar criaturas vivas además de las conservadas. Duméril padre publicó una influyente clasificación del reino animal utilizando las descripciones anatómicas de su hijo. Tras la muerte de André en 1860, Auguste se dedicó con ahínco a describir nuevas especies.

En enero de 1864, Duméril recibió un cargamento de seis salamandras de un equipo de recolectores que estaban explorando un lago a las afueras de Ciudad de México. Las salamandras eran adultas, de gran tamaño y, a diferencia de cualquier otra salamandra adulta conocida en aquella época, tenían un conjunto completo de branquias plumosas que se extendían como penachos de plumas desde la base del cráneo. Las criaturas tenían incluso una quilla en la espalda que se extendía hasta una cola en forma de aleta. La conclusión era clara: con branquias y una forma corporal acuática, estas salamandras adultas podían vivir en el agua.

Los exploradores desconocían que las salamandras formaban parte de la cultura azteca desde hacía mucho tiempo. Puede que la especie fuera nueva para la ciencia, pero en México era un manjar muy apreciado, a menudo asado para banquetes y rituales especiales.

Impulsado por la nueva teoría de la evolución propuesta por Darwin, Duméril pensó que estos anfibios acuáticos podrían proporcionar pistas sobre cómo los peces evolucionaron para caminar sobre la tierra. Colocó a sus nuevas criaturas en el zoológico que él y su padre habían construido. Afortunadamente, tenía machos y hembras y, al cabo de un año, Duméril consiguió que se apareasen y produjesen huevos fecundados. En 1865, los huevos eclosionaron con salamandras juveniles perfectamente sanas. Las salamandras son fáciles de cuidar y, en condiciones adecuadas, no necesitan mucha comida durante largos periodos de tiempo. Todo iba bien con sus pupilos, así que Duméril los dejó a su aire.

Ese mismo año, miró dentro de la jaula. Lo primero que pensó fue que alguien la había manipulado, porque ahora había dos tipos de salamandras dentro. Primero estaban los padres, los grandes adultos acuáticos con branquias. Sin embargo, junto a ellos, vivía otra especie. Estas otras también eran grandes, pero parecían completamente terrestres, sin branquias, sin cola acuática, sin nada que sugiriera que podían habitar en el agua. Observando atentamente su anatomía y comparándolas con las especies ya descritas en la literatura científica, Duméril se dio cuenta de que las nuevas criaturas habían recibido un nombre por parte de los científicos años atrás. Tenían los rasgos exactos del género *Ambystoma*, una conocida especie de salamandra totalmente terrestre.

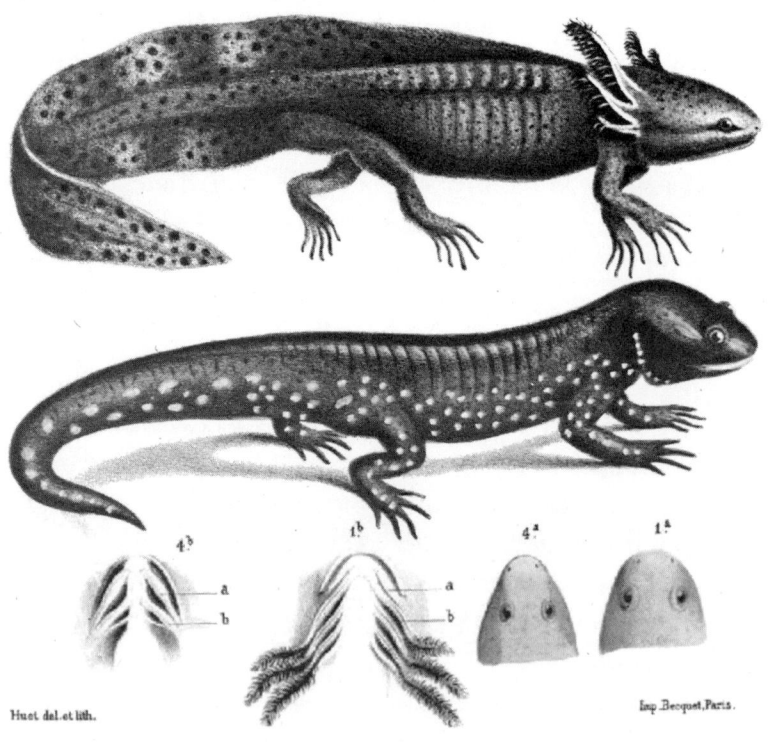

Los dos tipos de salamandras de Duméril.

Estos animales eran tan diferentes entre sí que, utilizando el esquema de Linneo, podían clasificarse en dos géneros distintos, no solo en especies. Era como si Duméril hubiera puesto chimpancés en un recinto un año y al año siguiente hubiera encontrado gorilas y chimpancés cohabitando felizmente en la jaula.

¿Había aparecido de la nada una nueva forma de vida? ¿Se había producido una gran transformación en el recinto de Duméril en París? ¿Qué magia revelaban esta vez las salamandras?

Historias en desarrollo

Durante siglos se ha observado a los embriones con la idea de que en algún lugar de la transformación del huevo en adulto se encontraban las pistas sobre las leyes que diferencian a unas especies de otras. De hecho, en la época en que Duméril se preguntaba por las salamandras, el desarrollo de un embrión, ya fuera de un pez, una rana o un pollo, se consideraba una lente a través de la cual observar la diversidad biológica de todos y cada uno de los animales de la Tierra.

Desde que Aristóteles se asomó al interior de sus huevos, los embriones de pollo han sido objeto de fascinación. Los pollitos vienen en su propio envase, que puede abrirse como una ventana. Se puede hacer un agujero en la cáscara, deslizar una luz por el lateral del huevo y colocarlo bajo el microscopio para ver el embrión en su interior. El embrión comienza como un pequeño grupo de células blancas situadas directamente sobre la yema. Con el tiempo crece y poco a poco van apareciendo las marcas reconocibles de la cabeza, cola, espalda y sus extremidades. El proceso parece una danza bien programada. Al principio, el óvulo fecundado se divide: una célula se convierte en dos, dos en cuatro, cuatro en ocho y así sucesivamente. A medida que las células se multiplican, el embrión acaba convirtiéndose en una bola de células. En pocos días, el embrión pasa de ser una bola hueca a un simple disco de células rodeado de estructuras que lo protegerán, le proporcionarán nutrientes y crearán el entorno adecuado para su desarrollo. De este simple disco de células surge toda una criatura. No es de extrañar que el desarrollo embrionario haya sido fuente de tanta especulación e investigación científica.

Charles Bonnet (1720-93) sostenía que el embrión era, en esencia, un ser pequeño pero completamente formado en miniatura. Durante su estancia en el vientre materno, desarrollaba órganos que ya existían. Estos «homúnculos», como los solía llamar, eran la base de su visión de la evolución. Las mujeres llevaban dentro a todas las generaciones futuras. Los homúnculos que llevaban consigo eran capaces de sobrevivir a las catástrofes y, con el tiempo, nuevas formas de vida surgirían de nuevo de las generaciones precedentes de hembras. En la etapa final, en algún momento del futuro, los ángeles brotarían de los homúnculos de los vientres humanos.

En el siglo siguiente, se llevaron al laboratorio diversos tipos de embriones y se emplearon nuevas tecnologías ópticas para examinarlos. Aunque la idea de Bonnet pereció en cuantos los científicos vieron embriones reales, la búsqueda para explicar cómo se construyen criaturas tan diferentes como los elefantes, las aves y los peces siguió viva.

En 1816, dos estudiantes de medicina fueron los primeros en descubrir los conocimientos profundos sobre la diversidad biológica que se encuentran en el interior de los embriones. Karl Ernst von Baer (1792-1876) y Christian Pander (1794-1865) procedían de familias nobles de las regiones germano-parlantes del Báltico. Al ingresar en la facultad de Medicina de Würzburg, siguieron el ejemplo de Aristóteles y empezaron a observar embriones de pollo. Pander incubó miles de huevos, los abrió en distintos momentos del desarrollo y puso los embriones bajo una lupa para ver cómo se formaban los órganos.

Karl Ernst von Baer.

En esos primeros tiempos tenía una clara ventaja sobre su amigo: al proceder de una familia adinerada, podía permitirse construir bastidores para albergar miles de huevos, contratar a un ayudante para dibujar los embriones y encargar grabados de alta calidad para su publicación. Al carecer de la fortuna de Pander, von Baer quedó relegado a un segundo plano.

Los avances tecnológicos jugaron a favor de Pander: pudo obtener lupas de última generación para ampliar tejidos y células. Con tanta abundancia de embriones de distintas edades y nuevas lentes con las que observarlos, se encontró con algo que ningún ser humano había visto jamás. Los embriones en sus fases más tempranas no tenían órganos reconocibles; menos aún eran los homúnculos que Bonnet imaginaba. En sus primeras fases, los embriones no se parecían a los adultos, pues eran simples discos de células asentados sobre el vitelo.

A Pander no solo le interesaba la forma externa de los embriones, sino también su interior. Centrándose, observó que un embrión empezaba siendo un simple disco del tamaño de unos granos de arena. A lo largo del desarrollo, el disco fue aumentando de tamaño hasta acabar compuesto por tres capas de tejido, dispuestas como láminas una encima de otra. En esta fase, el embrión parecía un pastel en forma de disco con tres capas.

Con miles de huevos a su disposición, Pander rastreó lo que ocurría en cada una de esas capas a medida que los embriones de pollito se desarrollaban y crecían desde un simple disco de tres capas hasta un pollo adulto con cabeza, alas y patas. Observó cómo los órganos emergían gradualmente.

Trabajando bajo la lupa y haciendo dibujos detallados de todas las etapas posibles del desarrollo, Pander vio un simple concepto unificador en este complejo proceso. Toda la organización del cuerpo se descomponía en estas tres capas. La capa interna acababa dando lugar a los órganos del intestino y las glándulas asociadas a ellos. La capa media se transformaba para convertirse en huesos y músculos. Y la externa se convertía más tarde en la piel y el sistema nervioso. Para Pander, y para von Baer, que era un amable espectador de estos descubrimientos, estas tres capas eran un principio organizador esencial del cuerpo emergente del pollo.

Von Baer tenía la corazonada de que estas capas podían aportar aún más información. Por desgracia, la falta de fondos le impidió investigar por su cuenta hasta una década más tarde, cuando obtuvo una cátedra en la Universidad de Königsberg. Con los ingresos de su nuevo puesto, pudo explorar más profundamente los embriones de distintas especies. En ocasiones, su pasión le llevó por mal camino. Para demostrar el órgano que daba origen a los óvulos de los mamíferos, sacrificó al perro mascota de su director. Aunque a von Baer se le asocia desde siempre con el descubrimiento de que los óvulos de mamífero proceden de los folículos del ovario, se ha perdido para la historia la opinión que el director tenía de sus métodos experimentales.

¿Qué mecanismos hacen que un tipo de animal sea diferente de otro?, se preguntó Von Baer. Recogió embriones de todas las especies que pudo encontrar, desde peces hasta lagartos y tortugas. Extraía los embriones de sus huevos o úteros y los guardaba en viales con alcohol como conservante. Entonces, como su amigo Pander antes que él, empezó a ver lo que era común a todo el desarrollo animal y lo que hacía única a cada especie.

Al observar todas las especies diferentes bajo la lupa, realizó hallazgos fundamentales sobre la diversidad animal. Todas las especies comenzaban su desarrollo con tres capas: una interna, una externa y una intermedia. Y al trazar las capas, descubrió que sus destinos eran exactamente los mismos. Las células de la capa más profunda, en la base del disco, se convertían en los órganos del intestino y las glándulas asociadas a ellos. La capa intermedia se convertía en los riñones, los órganos reproductores, los músculos y los huesos. La capa exterior se convertía en los órganos de la piel y el sistema nervioso. El descubrimiento original de Pander no solo se refería a los pollos, sino a la vida animal en general.

Esta simple observación reveló una conexión universal entre todos los órganos de todas las especies animales conocidas. Tanto si se trata de pez abisal de aguas profundas como de un albatros, su corazón procede de las células de la capa media, su cerebro y médula espinal, de la externa, y sus intestinos, estómago y órganos digestivos, de la interna. Esta regla es tan fundamental que, si se escoge cualquier órgano del cuerpo de cualquier animal de la Tierra, se puede saber qué capa celular lo construyó.

Entonces, von Baer cometió un error. Olvidó añadir etiquetas a algunos de los viales que contenían especies diferentes. Al no saber qué especies había en cada frasco, tuvo que mirar con lupa para intentar diferenciarlas. Al describir los embriones sin etiquetar, von Baer dijo: «Pueden ser lagartos, pájaros pequeños o mamíferos muy jóvenes. La formación de la cabeza y el tronco en estos animales es bastante similar. Las extremidades aún no están presentes en estos embriones. Sin embargo, aunque estuvieran en las primeras fases de desarrollo, no indicarían nada; ya que los pies de los lagartos y los mamíferos, las alas y los pies de las aves, así como las manos y los pies de los hombres se desarrollan a partir de la misma forma fundamental».

Con su error de etiquetado, von Baer distinguió un orden en la vida animal que se despliega a medida que continúa el desarrollo. Los cuerpos de los adultos suelen enmascarar profundas similitudes en los primeros estadios de desarrollo. Aunque los adultos, o incluso los neonatos, pueden parecer extremadamente diferentes, en sus primeras fases de desarrollo son todos muy parecidos.

Estas similitudes embrionarias son muy profundas incluso en sus detalles. La cabeza de un pez adulto tiene pocos parecidos aparentes con la de una tortuga adulta, un ave o un ser humano. Sin embargo, poco después de la concepción, todos estos embriones presentan cuatro hinchazones situadas en la base de la cabeza. Estos llamados arcos branquiales, que de forma externa tienen una hendidura entre ellos, se desarrollan en cualquier criatura que vaya a tener un cráneo óseo. De hecho, su presencia constituye la base para el desarrollo de distintos tipos de cráneo. En los peces, las células del interior de las hinchazones se convierten en los músculos, nervios, arterias y huesos de las sucesivas branquias. Las hendiduras que separan las hinchazones se convierten en las hendiduras branquiales. Aunque las personas no tenemos branquias, sí tenemos las hendiduras e hinchazones en nuestras etapas embrionarias. En los humanos, las células de las hendiduras se convierten en los huesos, los músculos, arterias y nervios de partes de la mandíbula inferior, el oído medio, la garganta y la laringe. Las hendiduras nunca llegan a ser hendiduras completas, sino que se sellan para convertirse en partes de nuestros oídos y gargantas. Las tenemos de embriones, no de adultos. Ejemplo tras ejemplo —desde riñones y cerebros hasta nervios y columna vertebral—, el caso de von Baer es potente y duradero. Los tiburones y los peces tienen una varilla de tejido conjuntivo que va de la cabeza a la cola por debajo de la médula espinal; rellena de una sustancia gelatinosa, forma un soporte flexible para el cuerpo. La columna vertebral de un ser humano se compone de vértebras, bloques de hueso separados entre sí por discos intervertebrales. Ninguna vértebra va de nuestra cabeza a nuestras caderas. Sin embargo, nuestros embriones tienen una similitud fundamental con los de los tiburones y los peces: tienen esa varilla. Durante el desarrollo, se rompe en pequeños bloques que acaban convirtiéndose en la parte interna de nuestros discos intervertebrales. Si alguna vez te has roto un disco, un doloroso traumatismo, has lesionado este antiguo resto de la evolución que compartimos con tiburones y peces.

Las observaciones de Von Baer sobre la similitud de los embriones de las primeras fases de diferentes especies llamaron la atención de Darwin. El trabajo de Von Baer se publicó en 1828 y Darwin lo conoció tres años más tarde, cuando partió en el *HMS Beagle* para dar la vuelta al mundo. Tres décadas más tarde, cuando publicó *El origen de las especies*, presentó los embriones como prueba de su teoría de la evolución. Para Darwin, el hecho de que criaturas tan diferentes como los peces, las ranas y las personas tuvieran un punto de partida común significaba que compartían una historia común. ¿Qué mejor prueba de la ascendencia común de las distintas especies que las etapas embrionarias comunes en el desarrollo de las que surgieron?

Tras los descubrimientos de von Baer con los embriones, el científico alemán Ernst Haeckel (1834-1919), una generación posterior a von Baer, exploró un vínculo entre las etapas embrionarias del desarrollo y la historia evolutiva. Haeckel se formó para ser médico, pero no toleraba ver pacientes enfermos, así que se fue a Jena a estudiar con un destacado anatomista comparativo. Su vida cambió cuando leyó y conoció a Charles Darwin.

Haeckel recorrió el reino animal en busca de embriones y produjo más de cien monografías en las que describía e ilustraba las fases embrionarias de diversas especies. Concibió una conexión perfecta entre el arte y la vida: para él, la diversidad de la vida era una forma de arte. Produjo algunas de las litografías en color más bellas jamás realizadas. Sus voluminosas representaciones de corales, conchas y embriones reflejan una época en la que el cuidadoso dibujo anatómico tendía un puente entre la ciencia y la estética. Los embriones, en particular, eran célebres no solo por su belleza, sino por su relación con la nueva teoría de Darwin. Haeckel, siempre lleno de citas memorables, acuñó una frase que relacionaba ambas cosas y que perduraría como una rima publicitaria para muchos de los que estudiaron biología en el siglo XX: «La ontogenia [desarrollo] recapitula la filogenia [historia evolutiva]».

Haeckel afirmaba que los embriones animales, a medida que se desarrollan, siguen la historia evolutiva de la criatura: un embrión de ratón se parece sucesivamente a un gusano, un pez, un anfibio y un reptil. El mecanismo que produce estas etapas reside en la forma en que surgieron nuevos rasgos en la evolución. Propuso que los nuevos rasgos evolutivos se añadían a las etapas finales del desarrollo; por ejemplo, los anfibios surgieron al añadir rasgos específicos de los anfibios a las etapas finales del desarrollo de su antepasado pez, rasgos de reptil a los de los anfibios, y así sucesivamente. Con el tiempo, según Haeckel, este proceso dio lugar a que el desarrollo embrionario siguiera la historia evolutiva.

¿Quién necesitaba fósiles intermedios para trazar la historia de la vida si, como suponía Haeckel, podía leerse en los

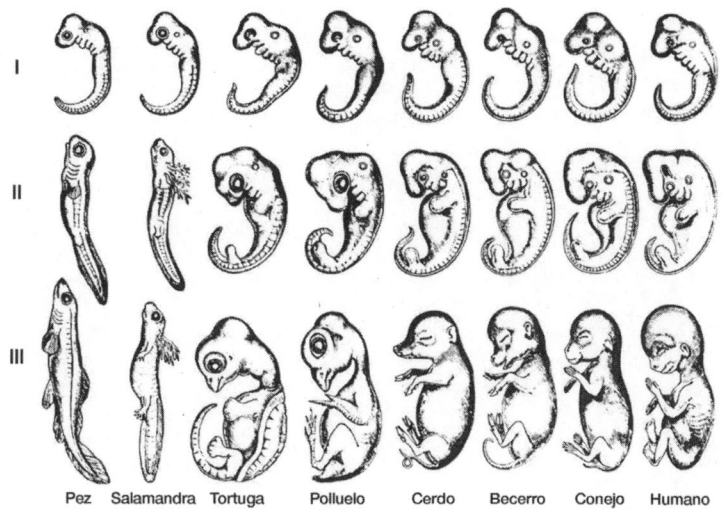

I								
II								
III								
Pez	Salamandra	Tortuga	Polluelo	Cerdo	Becerro	Conejo	Humano

La comparación de Haeckel del desarrollo embrionario de distintas especies. Fue una figura influyente pero controvertida. Algunos argumentaron que hacía demasiado hincapié en las similitudes entre embriones y se tomaba libertades con sus diagramas.

embriones? La idea de Haeckel fue tan influyente que impulsó expediciones para obtener embriones de distintas especies. En una de estas expediciones, la expedición antártica de Robert Falcon Scott en 1912 para alcanzar el Polo Sur, tres miembros se perdieron en la búsqueda de huevos de pingüino emperador. Los exploradores pensaron que los embriones de los pingüinos emperador, considerados primitivos en aquella época, podrían dar pistas sobre cómo surgieron las aves a partir de los reptiles. En algún punto de su desarrollo embrionario habría una fase parecida a la de su antepasado reptil.

En pleno invierno austral, los tres miembros de la tripulación emprendieron un viaje de un mes en trineo desde su base hasta el cabo Crozier, donde los pingüinos tenían su colonia. En la oscuridad más absoluta, con temperaturas de hasta -60 grados Fahrenheit, los tres estuvieron a punto de morir varias veces cuando sus tiendas se volaron o cuando se tropezaron con grietas. Uno de ellos, Apsley Cherry-Garrard,

Apsley Cherry-Garrard (derecha) tras regresar de uno de sus peores viajes para conseguir huevos de pingüino.

escribió en su clásico diario de viaje, *El peor viaje del mundo*, que el equipo consiguió regresar al campamento con tres huevos de pingüino. Más tarde, la expedición perdió a Scott y a cuatro miembros de la tripulación, entre ellos dos de los compadres de Cherry-Garrard del viaje a los pingüinos, en su trágico y fallido intento de alcanzar el polo. Después, Cherry-Garrard regresó a Gran Bretaña e intentó entregar los huevos al Museo Británico. El museo le hizo esperar en el vestíbulo durante varias horas mientras decidían si aceptaban los huevos o no. A regañadientes, los aceptaron, pero como Cherry-Garrard escribió más tarde al director del museo: «Entregué los embriones de Cabo Crozier, que casi le cuestan la vida a tres hombres y la salud a uno. Su representante ni siquiera nos dio las gracias».

La reticencia del museo a aceptar los huevos se debió a que, en el intervalo entre la partida de la expedición hacia el Polo y el regreso de Cherry-Garrard, la teoría de la recapitulación de Haeckel había sido ampliamente desacreditada y, además, la supuesta naturaleza primitiva de los pingüinos había sido puesta en entredicho por nuevos descubrimientos. Haeckel había despertado tal interés por la embriología que sembró las semillas de su propia perdición. Ansiosos por encontrar la historia evolutiva en los embriones, los científicos estudiaron el desarrollo embrionario de diversas especies. En general, la idea de von Baer de la similitud entre embriones de distintas especies se mantuvo, aunque con algunas excepciones. Pero los nuevos datos no apoyaban la teoría de la recapitulación de Haeckel, sino todo lo contrario. En ninguna fase del desarrollo embrionario podía verse un antepasado. Los embriones humanos pueden parecerse en algunos aspectos a los de los peces, como sugería von Baer, pero nunca en su desarrollo se parecen a uno de nuestros antepasados, ya sea un pez con patas o un australopiteco; ningún embrión de ave se parece al *Archaeopteryx* durante su desarrollo.

La idea de Haeckel era errónea, pero definió la investigación de innumerables científicos. Hoy perdura incluso en algunos círculos, a pesar de que hace más de un siglo que dejó de ser un tema de investigación científica. Quizá la influencia más duradera de Haeckel fue la de la persona que más detestaba su idea.

El axolote

Walter Garstang (1868-1940) despreciaba tanto la idea de Haeckel que desarrolló una crítica que condujo a una nueva forma de pensar sobre la historia de la vida. Tenía dos aficiones inquenbrantable, aunque excéntricas: los renacuajos y la poesía. Cuando no se dedicaba a la ciencia de las larvas, escribía *limericks* y rimas sobre ellas. Sus pasiones confluyeron en un libro publicado dos años después de su muerte, *Formas larvarias y otros versos,* donde transformó en poesía toda una carrera de investigación científica.

«El axolote y la lamprea» puede no parecer un título muy inspirador para un verso: se refiere a una salamandra (axolote) y a un animal parecido a un renacuajo (lamprea). Pero la idea expresada en el poema revolucionó el campo y definió los programas de investigación durante décadas. La noción de Garstang explicaba no solo lo que ocurrió en el recinto mágico de Duméril, sino también algunas de las revoluciones que hicieron posible nuestra propia presencia en este planeta. Para Garstang, los estadios larvarios no eran simples desvíos del desarrollo; eran artefactos de la historia de la vida y poseía el potencial para su futuro.

La mayoría de las salamandras viven en el agua durante gran parte de su desarrollo, en la parte inferior de las rocas, en las ramas caídas de los arroyos o en el fondo de los estanques.

Retrato de Walter Garstang que aparece al principio de *Formas larvarias y otros versos*.

Sus larvas nacen con una cabeza ancha, pequeñas extremidades en forma de aleta y una cola ancha. Un grupo de branquias sobresale de la base de la cabeza como un manojo de plumas que se extiende desde el eje de un plumero. Cada una de las branquias es ancha y plana, lo que maximiza la superficie sobre la que puede absorber el oxígeno del agua. Con sus extremidades en forma de aleta, sus colas anchas en forma de aleta y sus branquias, estas criaturas están claramente diseñadas para vivir en el agua. Las larvas de axolote nacen con muy poca yema en el huevo, lo que significa que deben alimentarse de forma voraz para crecer y desarrollarse. Su ancha cabeza sirve como un enorme embudo de succión: cuando abren la boca y dilatan sus orificios, el agua y las partículas de comida son arrastradas al interior.

Luego, en la metamorfosis, todo cambia. Las larvas pierden las branquias y reconfiguran el cráneo, las extremidades y la cola, pasando de ser criaturas acuáticas a terrestres. Estos nuevos sistemas orgánicos permiten a las criaturas habitar un entorno diferente. La alimentación es distinta en tierra que en el agua. Las estructuras de la cabeza, tan útiles para succionar presas en el agua, no funcionan en el aire, así que las criaturas reconfiguran sus cráneos para permitir que sus lenguas se abran y atraigan a sus presas. Un simple cambio afecta a todo el cuerpo: branquias, cráneo, sistema circulatorio. El paso del agua a la tierra, algo que ocurrió durante millones de años en nuestro pasado piscícola, se produce en unos pocos días de metamorfosis en estas criaturas.

Tras observar estos sorprendentes cambios en las salamandras de su colección, Duméril siguió el rastro de todo su ciclo vital. Estas salamandras —los axolotes del verso de Garstang— suelen metamorfosearse de larvas acuáticas a adultos terrestres. Pero, como descubrió más tarde Duméril, no siempre lo hacen: tienen dos vías diferentes, dependiendo del entorno que experimentan como larvas. Las salamandras que crecen en un entorno seco sufren la metamorfosis y pierden todos sus rasgos acuáticos para convertirse en adultos terrestres. Las criadas en ambientes húmedos nunca sufren la metamorfosis y crecen como grandes larvas acuáticas, con un conjunto completo de branquias, una cola en forma de aleta y un cráneo ancho más adecuado para alimentarse en el agua. Sin que Duméril lo supiera entonces, los ejemplares que obtuvo en México eran grandes adultos que no sufrieron la metamorfosis debido a su hábitat húmedo. Sus crías, que se desarrollaron en tierra seca, sufrieron la metamorfosis y perdieron todos sus rasgos larvarios acuáticos en el proceso.

La magia que se produjo en el recinto de Duméril fue un simple cambio en la forma en que se desarrollan los animales. Ahora sabemos que el principal desencadenante de la metamorfosis es un aumento de los niveles de hormona tiroidea en el torrente sanguíneo. Esta hormona provoca la muerte de algunas células, la proliferación de otras y la transformación de unas nuevas en los distintos tipos de tejidos. Si los niveles de la hormona se mantienen estables o si las células dejan de responder a ella, la metamorfosis no se producirá y las criaturas conservarán sus rasgos larvarios hasta la edad adulta. Los cambios en el desarrollo, aunque sean pequeños, pueden producir modificaciones coordinadas de todo el organismo.

Retomando el trabajo de Duméril, Garstang promovió un principio general: los pequeños cambios en el momento del desarrollo pueden tener enormes consecuencias para la evolución. Supongamos que existe una secuencia ancestral de etapas de desarrollo. Si el desarrollo se ralentiza o se detiene antes, los descendientes se parecerán a sus antepasados juveniles. En las salamandras, esta alteración haría que sus cuerpos se parecieran a las larvas acuáticas, de forma que conservan las branquias externas y tienen extremidades con menos dedos en las manos y los pies. De forma alternativa, si el desarrollo se prolonga o acelera, surgen nuevos órganos y cuerpos exagerados. Los

Las salamandras pueden ralentizar o detener su desarrollo y cambiar drásticamente su cuerpo.

caracoles desarrollan sus conchas añadiendo verticilos durante el desarrollo. Algunas especies de caracoles han evolucionado al alargar el tiempo de desarrollo o al desarrollarse más rápido. Estos caracoles descendientes tienen un mayor número de verticilos que sus antepasados. El mismo tipo de proceso explica una gran variedad de órganos grandes o exagerados, como la cornamenta de los alces o el cuello alargado de las jirafas.

Jugar con el desarrollo embrionario puede crear criaturas radicalmente nuevas. Desde Garstang, los científicos han generado taxonomías de las distintas formas en que puede alterarse el ritmo de desarrollo para producir cambios evolutivos. Ralentizar el ritmo de desarrollo es un proceso diferente al de interrumpirlo antes de tiempo; cada modo puede producir resultados similares —unos descendientes rejuvenecidos—, pero la causalidad es diferente. La misma relación entre causalidad y resultados es válida para el proceso que puede producir rasgos exagerados o más grandes cuando se acelera o prolonga el desarrollo.

En la búsqueda de las distintas causas, los científicos han sondeado los genes que pueden controlar estos acontecimientos o las hormonas, como la tiroidea, que pueden desencadenarlos. Este enfoque del desarrollo y la evolución, conocida como heterocronía (del griego *hetero*, que significa «otro», y *chronos*, que significa «tiempo»), se ha convertido en su propio subcampo de investigación. En más de un siglo de comparación de embriones y adultos de diversas especies, zoólogos y botánicos han demostrado cómo los cambios en el momento de los acontecimientos del desarrollo pueden dar lugar a nuevos tipos de organismos en animales y plantas.

El propio Garstang reveló un ejemplo asombroso de nuestra propia historia: nuestro antepasado era un gusano.

La lamprea

El poema de Garstang «El axolote y la lamprea» explora dos de las revoluciones más clásicas que se producen al conservar rasgos larvarios en el curso de la evolución. El axolote muestra el alcance de los cambios que se producen cuando el desarrollo se detiene en un estado temprano. La larva, etapa transitoria en la vida de una salamandra, se convierte en el punto final del desarrollo. La lamprea es un pequeño animal en forma de gusano con columna vertebral. Aunque puede vivir chupando lodo tranquilamente en el fondo de ríos y arroyos, su biología cuenta una historia mucho más amplia.

Hace más de dos mil años, Aristóteles identificó y describió cientos de especies de caracoles, peces, aves y mamíferos. Distinguió los animales con sangre en su interior (*enhamia*) de los que no la tenían (*anhamia*). Esta distinción se corresponde a grandes rasgos con lo que hoy reconocemos como vertebrados e invertebrados. Hay dos tipos de animales en el planeta: los que tienen columna vertebral y los que no la tienen. Los cuerpos de las personas, los reptiles, los anfibios y los peces son fundamentalmente distintos de los de las moscas y las almejas. En la base de la arquitectura vertebrada está lo que von Baer vio en peces, anfibios, reptiles y aves: todos los vertebrados tienen, en alguna fase de su desarrollo embrionario, hendiduras branquiales, una barra cartilaginosa que sostiene el cuerpo y un cordón nervioso que pasa por encima. Como sabemos desde von Baer, algunos de estos rasgos pueden oscurecerse o perderse en el cuerpo adulto, pero están presentes en la fase embrionaria. Se ha especulado con la posibilidad de que el antepasado de los vertebrados fuera un simple gusano con estas tres características.

Para Garstang y muchos de sus contemporáneos, la pregunta clave era cómo había surgido esta estructura corporal. ¿Existían animales invertebrados que presentaran estas características? En caso afirmativo, ¿cómo evolucionó nuestra rama del árbol de la vida a partir de ellos? Las lombrices de tierra no tienen hendiduras branquiales ni cartílago en los embriones ni en los adultos. Tampoco los insectos, las almejas, las estrellas de mar ni ningún otro animal sin columna vertebral. La respuesta nos la dio un animal inesperado, con forma de helado y que pasa casi toda su vida pegado a las rocas del océano.

En los océanos del mundo se conocen unas tres mil especies de ascidias. Algunas especies tienen la forma de una bola de helado coronada por una gran estructura en forma de chimenea y permanecen, a veces durante décadas, adheridas a las rocas bajo la superficie, simplemente bombeando agua. El agua se introduce en un gran tubo en la parte superior y recorre el cuerpo, para ser expulsada por un tubo que sobresale de su centro. A medida que el agua recorre su cuerpo, filtran las partículas para alimentarse. Las ascidias adoptan formas muy diversas, desde grupos hasta simples tubos retorcidos, pero no tienen una cabeza definida, ni una cola, espalda o frente. No se puede imaginar una criatura con menos posibilidades de contar la historia de uno de los acontecimientos más básicos de la historia de la humanidad.

Garstang se interesó por sus larvas. Descubrió algo extraordinario, observado por primera vez por biólogos rusos a finales del siglo XIX: cuando las ascidias salen del huevo, son renacuajos que nadan libremente por el océano. No es hasta la metamorfosis cuando se hunden en el fondo de la columna de agua y se adhieren a las rocas. Si hay algún renacuajo que pueda cautivar la imaginación, es este. Nada sin parecerse en absoluto a su forma adulta. Con una gran cabeza, maniobra flexionando su larga cola hacia delante y hacia atrás. En el interior del cuerpo, un cordón nervioso recorre la espalda del animal y una varilla de tejido conjuntivo se extiende desde la cabeza hasta la cola; incluso tiene unas hendiduras branquiales en la base de la cabeza. Las tres grandes características que constituyen la base del antepasado putativo de los animales con columna vertebral están presentes en la larva de la ascidia.

Después, las larvas de las ascidias lo pierden todo, o al menos todos los rasgos que desde nuestro punto de vista antropocéntrico son importantes. Al cabo de unas semanas, el renacuajo nada hasta el fondo de la columna de agua. A medida que desciende, pierde la cola, el cordón nervioso y prácticamente toda la varilla de tejido conjuntivo; modifica las hendiduras branquiales para convertirlas en parte del aparato de bombeo. Se adhiere a las rocas para pasar el resto de sus días en un mismo lugar bombeando agua. Un simple renacuajo, una criatura con una estructura corporal de vertebrado, acaba transformándose en algo que se parece más a una planta.

Garstang propuso que este cambio en el momento del desarrollo era un primer paso importante en la transición de invertebrado a vertebrado. Un ser humano adulto o un pez no se parecen en nada a una acidia; muchos incluso considerarían insultante la comparación. Pero sus larvas contienen la esencia de los vertebrados. El antepasado de todos los vertebrados

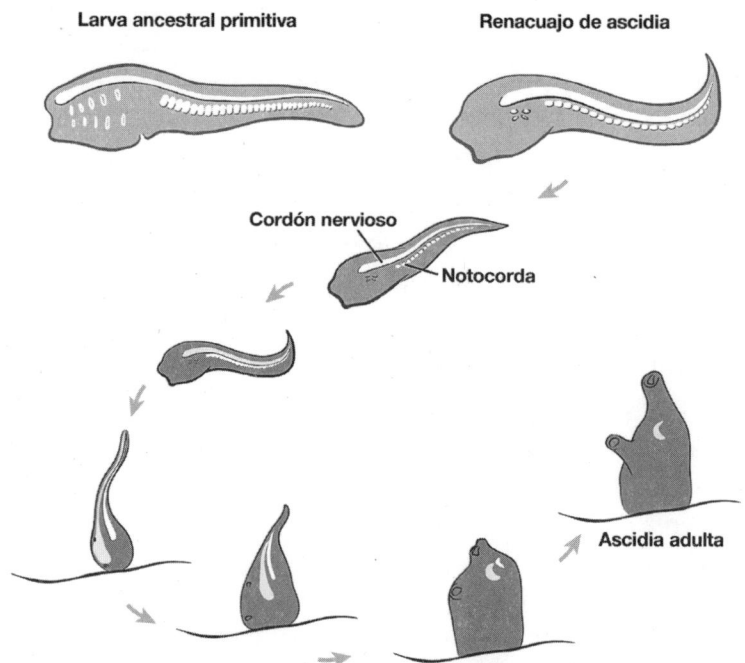

Larva ancestral primitiva

Renacuajo de ascidia

Cordón nervioso

Notocorda

Ascidia adulta

Una ascidia parece un bulto amorfo, pero su desarrollo comparte muchos de los rasgos de los vertebrados.

surgió al detener el desarrollo de la ascidia marina en una fase temprana, congelar los rasgos de esta fase larvaria y dejar que la criatura creciera con ellos hasta la edad adulta. El resultado fue un adulto que se parece al renacuajo de sus antepasados las ascidias marinas. Esta criatura, con el cordón nervioso, la varilla de tejido conjuntivo y las hendiduras branquiales, un animal que nadaba libremente, se convertiría en la madre de todos los peces, anfibios, reptiles, aves y mamíferos.

Una imagen del cambio

Los ejemplos de evolución que se producen como resultado de los cambios en los tiempos de las secuencias de desarrollo son muy abundantes; hoy en día es difícil que no aparezca en alguna que otra revista científica. Podría decirse que uno de los ejemplos más importantes de este campo es también uno de los más personales.

Los años comprendidos entre 1820 y 1930 fueron una época de grandes ideas en biología. Von Baer, Haeckel, Darwin, Garstang y muchos otros buscaban en la anatomía, los fósiles y los embriones reglas que explicaran la apariencia de los animales, mientras que, al mismo tiempo, empezaban a conocerse los mecanismos que originaban la diversidad de la vida.

En este ambiente intelectual, el anatomista suizo Adolf Naef (1883-1949) sobresalió en el mundo académico, al haber estudiado con algunas de las figuras más destacadas de la época en Suiza e Italia. Su objetivo, tal y como se lo describió a su hermano en 1911, era formular «una ciencia general de la forma de los organismos, un tema sobre el que tengo varias ideas nuevas».

Naef era un anatomista meticuloso que conocía el impacto que podía tener una buena fotografía o imagen a la hora de exponer un argumento científico. Su vida, sin embargo, estuvo definida en muchos aspectos por la discusión. Como escribió a su hermano: «Mi comportamiento aleja a la mayoría de la gente; algunos me aprecian igual, otros tendrán que aceptarme como puro intelecto. Espero más enemigos que amigos». En una carta anterior, afirmaba que «en Suiza no abundan los intelectos de primer orden, que es lo que yo me considero». Con este tipo de actitud, Naef nunca pudo encontrar empleo en Suiza, por lo que pasó la mayor parte de su carrera en un puesto de El Cairo. Durante su estancia en El Cairo, Naef desarrolló una teoría de la diversidad biológica que reflejaba la filosofía de Platón dos mil años antes. En su *República*, Platón sostenía que todos los objetos físicos no eran sino manifestaciones físicas de esencias ideales, los universales atemporales que subyacían a toda diversidad. Para Platón, la diversidad de todos los objetos, desde los vasos hasta las casas, podía reducirse a una esencia metafísica de la que derivaba cada manifestación física. Naef aplicó esta idea a la diversidad biológica. Según su morfología idealista, los animales también tienen una esencia dentro de su diversidad física. Y para Naef, esta esencia se observaba en las similitudes entre los animales durante el desarrollo embrionario.

El marco teórico de Naef ha caído en el olvido, sustituido por los nuevos datos de la genética y las relaciones evolutivas. Su contribución más perdurable es, de manera acertada, una de las imágenes que utilizó para argumentar su fracasada teoría. La foto muestra a un chimpancé neonato y a un adulto. Sorprendido por la gran bóveda craneal, la cabeza erguida y la cara pequeña del joven chimpancé, Naef proclamó que «de todas las imágenes de animales que conozco, esta es la más parecida a un hombre». Intentaba demostrar cómo la esencia de la humanidad aparece en el desarrollo temprano. Puede que su teoría fuera errónea, pero esta imagen fue tan influyente que su investigación siguió décadas después de su publicación inicial en 1926.

Los humanos adultos tienen las crestas de las cejas más pequeñas que los chimpancés adultos, los cerebros más grandes en relación con el tamaño corporal, los huesos del cráneo más delicados, las mandíbulas más pequeñas y las proporciones craneales diferentes. Sin embargo, en cada uno de estos rasgos, los humanos se parecen más a los chimpancés jóvenes que a los adultos. El desarrollo también parece haberse ralentizado, ya que los humanos tienen un periodo gestacional y una infancia más largos que los chimpancés. Al desarrollarse de forma más lenta, los humanos conservan muchas de las proporciones y formas de los chimpancés pequeños de nuestros antepasados, que, como demostró Naef, son muy humanos en muchos aspectos.

Esta noción se convirtió en una lente a través de la cual ver gran parte de la evolución humana. El paleontólogo Stephen

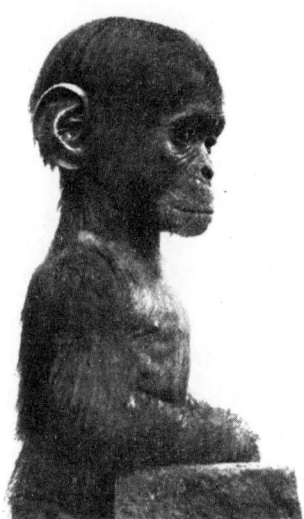

La influyente foto de Naef en la que se compara un chimpancé juvenil con uno adulto. El pequeño, probablemente un espécimen de taxidermia, aparece representado para resaltar unas proporciones y una postura humanas.

Jay Gould y el antropólogo Ashley Montagu observaron más tarde que los componentes esenciales de la humanidad podían surgir de forma sencilla al modificar los ritmos de crecimiento y desarrollo: si unimos los cerebros proporcionalmente grandes para nuestro tamaño corporal a una infancia prolongada y rica en oportunidades de aprendizaje, gran parte de lo que nos hace especiales puede estar relacionado con la modificación del ritmo de desarrollo. Aunque esta explicación de la evolución humana parece sencilla y elegante, hay nuevas comparaciones que revelan que la historia va más allá de una ralentización general del desarrollo. Algunos rasgos humanos se parecen a los de los chimpancés jóvenes, pero otros, como la forma de las piernas y la pelvis que permiten a los humanos caminar sobre dos piernas, no. Una hipótesis es que las distintas partes del cuerpo evolucionan desarrollándose a ritmos diferentes: el cráneo evoluciona ralentizando sus ritmos de desarrollo, mientras que las piernas y la bipedalidad hacen lo contrario.

Utilizando estas y otras ideas de la anatomía, D'Arcy Wentworth Thompson (1860-1948) postuló un enfoque matemático para comprender la diversidad biológica. Su objetivo era reducir las diferencias de forma entre las criaturas a diagramas y ecuaciones sencillas.

Escrito durante la Primera Guerra Mundial, su libro *Sobre el crecimiento y la forma* engendró muchas pasiones entre la carrera de anatomía, con sus diagramas tan sencillos como influyentes. Primero coloca una cuadrícula cartesiana sobre los cráneos de un bebé chimpancé y un bebé humano, haciendo que las líneas pasen por puntos similares en cada uno. A continuación, hace lo mismo con los cráneos de los adultos, consiguiendo que las líneas de la cuadrícula pasen por los mismos lugares por los que pasaron en los bebés.

El resultado es que las nítidas líneas cuadriculadas de los neonatos se deforman en los adultos, y la deformación refleja esos cambios en la forma. Esta representación revela que, durante el crecimiento, el chimpancé y el ser humano comienzan con proporciones relativamente similares, pero luego el cráneo del chimpancé se contrae en un tamaño relativo mientras que la parte inferior de la cara y las crestas de las cejas se expanden. En los humanos, el cráneo se agranda mientras que la cara solo lo hace de forma moderada. En opinión de Thompson, las diferencias entre humanos y chimpancés se deben menos a la aparición de nuevos órganos que a cambios en las proporciones de las distintas partes del cuerpo, como los que se producen al ralentizar o acelerar los ritmos de desarrollo.

Una célula para gobernarlas a todas

Alterar el calendario de los acontecimientos no es más que una forma de introducir cambios evolutivos para modificar el desarrollo embrionario.

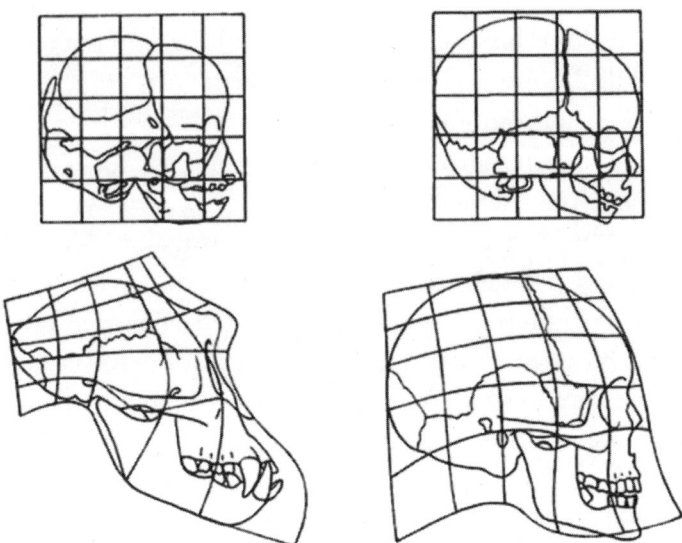

Las cuadrículas de D'Arcy Thompson muestran cómo los cambios de proporción pueden explicar muchas diferencias en la forma de los esqueletos, como en este caso de humanos y chimpancés.

Desde los tiempos en que Pander estudiaba embriones con su lupa, sabemos que el desarrollo de diversas partes del cuerpo suele estar muy coordinado. Un simple cambio en el funcionamiento de una sola célula, o de un puñado de ellas, puede provocar alteraciones en muchas partes del cuerpo adulto. El efecto puede verse incluso en los nombres que damos a las enfermedades del desarrollo. El síndrome mano-pie, por ejemplo, es una mutación genética que afecta al comportamiento de las células en una fase temprana del desarrollo. Ese único cambio afecta al tamaño y la forma de los dedos, a la configuración de los pies y a los conductos que transportan la orina desde los riñones. Con repercusiones tan amplias a partir de tan pequeñas alteraciones, los cambios en los tipos de células que construyen los cuerpos pueden dar pistas sobre algunos de los cambios revolucionarios que vemos en la historia.

Para entender esta forma de evolución, tenemos que volver a las ascidias. Como demostró Garstang, y como han confirmado pruebas recientes de ADN, un paso crucial en la transformación de invertebrado a vertebrado se produjo cuando se conservaron rasgos larvarios de las ascidias para formar un antepasado vertebrado. Este adulto parecido a un renacuajo tenía la arquitectura básica sobre la que se construye el cuerpo de los vertebrados. Sin embargo, hubo otro paso en el origen de los vertebrados.

Los vertebrados, como los seres humanos y los peces, no son simples larvas de ascidias. Desde los esqueletos óseos que sostienen el cuerpo hasta las vainas de mielina que rodean los nervios, pasando por las células pigmentarias de la piel y los nervios que controlan los músculos de la cabeza, los vertebrados tienen cientos de características que no tienen los invertebrados. Una lista de todas las diferencias entre invertebrados y vertebrados incluiría órganos y tejidos desde la cabeza hasta la cola. Es evidente que esta transformación no se debió únicamente a simples cambios en el calendario de las fases de desarrollo.

Habiendo sido criada por una madre que enviudó poco después de su nacimiento, Julia Barlow Platt (1857-1935) fue un prodigio de la biología. Tras graduarse en la Universidad de Vermont en tres años, asistió a la Universidad de Harvard, donde se sumergió en el estudio de los embriones de polluelos, anfibios y tiburones. Fiel a su talento y ambición, se fijó una meta audaz. La cabeza es posiblemente la parte más complicada del cuerpo; sin contar los dientes, el cráneo humano tiene casi treinta huesos, y hay más en los cráneos de peces y tiburones. La complejidad anatómica de la cabeza se debe a que estas estructuras están abastecidas por una maraña de nervios, arterias y venas especiales situados en un contenedor relativamente pequeño. Platt rastreó las estructuras adultas de la cabeza, como las mandíbulas y los pómulos, hasta sus primeras etapas embrionarias. Tal vez estudiando cómo se desarrollan los cráneos pudiera destilar similitudes esenciales ocultas en el cuerpo adulto. Lo supiera o no, estaba entrando en una de las áreas más polémicas de la ciencia.

El clima académico de la época no favorecía que las mujeres cursaran estudios superiores. Tras pasar varios apuros en Harvard, Platt encontró una cultura más abierta en Europa e ingresó en un programa de posgrado en Alemania. Así comenzó una existencia nómada que la llevaría a través de Europa hasta el Laboratorio Biológico Marino de Woods Hole, Massachusetts. Allí conoció a O. C. Whitman, director del laboratorio marino, y le siguió hasta la Universidad de Chicago, donde más tarde se convertiría en director del departamento de zoología.

En el laboratorio libre de Whitman, los jóvenes científicos ambiciosos eran tratados como colegas subalternos y podían seguir sus propias pautas de investigación. En este entorno, Platt prosperó. Utilizando los especímenes que recogió en Woods Hole y a partir de técnicas que Whitman le enseñó en Chicago, estudió la formación de la cabeza en salamandras, tiburones y polluelos. El motivo era más técnico que otra cosa: estas criaturas tienen grandes embriones que se desarrollan dentro de un huevo, por lo que son fáciles de ver y manipular.

Junto con Whitman, desarrolló un método laborioso pero preciso para rastrear las células durante el desarrollo. Su punto de partida fueron las tres capas embrionarias que Pander y von Baer habían descubierto en el 1820. En la época del trabajo de Platt, estas tres capas se tomaban casi como un axioma biológico: las células de la capa interna formaban los intestinos y las estructuras digestivas asociadas, la capa media formaba el esqueleto y los músculos, y la capa externa la piel y el sistema nervioso. Platt observó que las células de las capas externa y media diferían en tamaño y en el número de gránulos de grasa en su interior. Utilizando esta distinción como marcador, trazó pequeños grupos de células de cada capa para ver dónde acababan en el cráneo. Este método le permitió ver qué estructuras de la cabeza procedían de cada capa.

Según el dogma de la época, todos los huesos del cráneo de salamandra debían proceder de la capa media. Sin embargo, los gránulos de grasa de Platt le mostraron algo totalmente distinto. Algunos de los huesos de la cabeza, incluso la dentina de los dientes, procedían de la posterior externa, que supuestamente se limitaba a convertirse en piel y tejido nervioso. Para algunos, este hallazgo era una herejía. Destacados investigadores se opusieron a ella. Un destacado científico escribió: «El examen de varias series y etapas no me ha permitido encontrar la menor prueba a favor de las conclusiones de Miss Platt». Esta era solo una voz en un coro de críticas que, para una joven investigadora en el siglo XIX, podía acabar con su carrera antes de empezarla.

Afortunadamente para Platt, Anton Dohrn (1840-1909), el influyente director de la Stazione Zoologica de Nápoles, recogió su idea de investigación. Al principio, se mostró escéptico ante su descubrimiento, pero su cuidadoso análisis le convenció para utilizar sus marcadores para estudiar el desarrollo de los tiburones. Escribió: «Estoy totalmente de acuerdo con las opiniones que le debemos a la señorita Platt. Ni que decir tiene que yo también apoyo esta conversión y ahora me opongo a todos los artículos y comentarios críticos dirigidos contra los descubrimientos de la señorita Platt».

En la época de Platt, había poco espacio para las mujeres en las facultades de ciencias, sobre todo para las que defendían ideas contrarias a las ortodoxias arraigadas. Al no encontrar trabajo en el ámbito científico, se trasladó a Pacific Grove, California, para crear su propio pequeño grupo de investigación. Sin dejar de hacer descubrimientos, escribió a David Starr Jordan, presidente de la recién creada Universidad de Stanford. Desesperada por encontrar un trabajo en el campo de la ciencia, y sabiendo que había realizado unos avances fundamentales, terminó su carta diciendo: «Sin trabajo, la vida no merece la pena. Si no puedo obtener el trabajo que deseo, entonces debo emprender el siguiente mejor».

Desempleada y sintiendo que la ciencia no quería su trabajo, Platt abandonó el campo. Aportó su firme voluntad y su feroz independencia a los nuevos retos. En poco tiempo, fue elegida primera alcaldesa de Pacific Grove, donde dirigió una iniciativa para crear un santuario que salvara la bahía de Monterey del desarrollo excesivo. Los residentes y visitantes de Monterey pueden sentir hoy el impacto de Julia Barlow Platt.

Platt murió en 1935 y no vivió para presenciar su reivindicación, casi cuarenta y tres años después de su primer artículo sobre el tema. Siguiendo sus pasos, los investigadores desarrollaron métodos perfeccionados para marcar las células durante el desarrollo. Inyectaban colorantes en las células de los embriones y rastreaban dónde acababan en etapas posteriores. En otra técnica, los investigadores tomaron parches de células de una codorniz y los trasplantaron a un embrión de pollo en distintos momentos del desarrollo. Como las células de codorniz se distinguen fácilmente de las de los pollos, los científicos pudieron ver qué órganos surgían de ellas. Ambas técnicas confirmaron que las estructuras de la cabeza que había estudiado Platt no procedían de la capa media de von Baer. Las células parten de la médula espinal en desarrollo y migran a las branquias para formar los huesos branquiales.

El descubrimiento de que las células migran entre capas no es solo un asterisco peculiar a la organización de las células en el embrión de tres capas, sino que tiene también implicaciones más profundas sobre cómo surgen nuevas estructuras. Esas células se desprenden de la médula espinal en desarrollo para migrar por todo el cuerpo del embrión. Una vez en sus nuevos emplazamientos, crean tejidos. Se convierten en células pigmentarias, vainas de mielina de los nervios y huesos de la cabeza, entre otras muchas características exclusivas de los vertebrados. El gran cambio en la transformación del animal ancestral de Garstang en vertebrado, que implica nuevos tejidos en todo el cuerpo, puede rastrearse hasta el origen de un único tipo de célula, un nuevo derivado de la capa externa de von Baer y Pander. Platt estaba en lo cierto de un modo que

74

Julia Platt tras su mandato como alcaldesa
de Pacific Grove, California.

nunca hubiera imaginado. Las células que identificó eran precursoras de todos los tejidos que hacen especiales a los vertebrados. Garstang había demostrado que un primer paso en el origen de las criaturas vertebradas procedía de un cambio en el momento del desarrollo, al conservar los rasgos de las larvas de las ascidias en sus descendientes adultos. El descubrimiento de Platt ayudó a revelar la siguiente transición, el origen de un nuevo tipo de célula. En ambos casos, los complejos cambios en distintos órganos y tejidos pueden reducirse a cambios más simples en el desarrollo. La alteración del ritmo en un paso y el origen de un nuevo tipo de célula en otro pueden dar lugar a un nuevo plan corporal.

Por supuesto, estas observaciones plantean preguntas: ¿Cómo se producen estos cambios en el desarrollo? ¿Qué tipo de cambios biológicos pueden hacer evolucionar el propio desarrollo embriológico?

Los seres vivos no heredan cráneos, columnas vertebrales o capas celulares de sus antepasados, sino los procesos para construirlos. Al igual que una receta familiar que se transmite y modifica en cada generación, la información que hace que los cuerpos se desarrollen ha cambiado continuamente durante millones de años a medida que los antepasados la transmiten a los descendientes. A diferencia de una receta de cocina, la que reconstruye los cuerpos en cada generación no está escrita con palabras, sino con ADN. Para entender las recetas biológicas, pues, tenemos que aprender a leer un lenguaje totalmente nuevo y ver unos nuevos tipos de antecedentes en la historia de la vida.

3

UN MAESTRO EN EL GENOMA

Hemos descubierto el secreto de la vida!». Con ese apócrifo alarde, Francis Crick (1916-2004) introdujo a James Watson en el Eagle Pub de Cambridge y a los demás en la era del ADN. Un año después, en 1953, el anuncio científico del descubrimiento adquirió un tono muy distinto. En las páginas de la prestigiosa revista *Nature*, Watson y Crick abrieron su artículo con un seco eufemismo británico que otros han emulado desde entonces. Su descubrimiento, señalaban, «tiene características novedosas de considerable interés biológico».

Ambos anuncios expusieron algo que las generaciones posteriores han llegado a dar por sentado. El dúo modeló la estructura del ADN y demostró que existe en forma de hebras dobles que, cuando se separan, pueden crear proteínas o copias de sí mismas. Con este truco, la molécula puede hacer dos cosas significativas: contener la información para fabricar proteínas que construyen cuerpos y transmitir esa información a la siguiente generación.

Watson y Crick, siguiendo los trabajos de Rosalind Franklin y Maurice Wilkins, descubrieron que las hebras individuales de ADN están compuestas por secuencias de otras moléculas, como las cuentas de un collar. Cada una de estas moléculas, conocidas como bases, puede ser de uno de los cuatro tipos, típicamente designados A, T, G y C. Una cadena de ADN puede tener una serie de miles de millones de bases, formando cadenas como AATGCCCTC o cualquier combinación de las cuatro letras.

Es un pensamiento humilde: gran parte de lo que somos reside en el orden de las moléculas de una cadena química. Si pensamos en el ADN como una molécula que contiene información, es como si tuviéramos millones de superordenadores en cada célula. El ADN humano está compuesto por una cadena de aproximadamente 3,2 billones de bases. Esa cadena está dividida en cromosomas y está enrollada para asentarse dentro del núcleo de cada célula. Nuestro ADN está tan apretado que, si se desenrollara y estirara, cada cadena mediría unos dos metros de largo. Cada uno de nuestros billones de células contiene una molécula de dos metros de largo enrollada a una décima parte del tamaño de un grano de arena diminuto. Si desenrolláramos el ADN de cada una de los cuatro billones de células de nuestro cuerpo y las pusiéramos una al lado de la otra, la cadena de ADN de una sola persona llegaría casi hasta Plutón.

Cuando el espermatozoide y el óvulo se unen durante la concepción, el óvulo fecundado combina el ADN de ambos progenitores. De ahí que la información genética fluya de generación en generación. Nuestro ADN se compone de las aportaciones de nuestros padres biológicos, el ADN de nuestros padres procede de sus padres biológicos, y así sucesivamente hasta cubrir todo nuestro pasado. El ADN forma una conexión ininterrumpida entre los seres vivos a través del tiempo. Una de las grandes ideas de Darwin se puede aplicar para trasladar esta simple noción de linaje familiar a una historia aún más amplia. La implicación molecular de su idea es que si compartimos un antepasado común con otras especies, entonces debería haber un flujo continuo de su ADN al nuestro. Al igual que nuestro ADN pasa de generación en generación, de padres a hijos, también debería pasar de especies ancestrales a especies descendientes a lo largo de los cuatro mil millones de años de historia de la vida. De ser cierto, el ADN es una biblioteca que reside dentro de cada célula de cada criatura del planeta. Encerrado en el orden de esas A, T, G y C habría un registro de miles de millones de años de cambios en el mundo viviente. El truco está en aprender a leerlo.

Émile Zuckerkandl (1922-2013) nació en Viena en un mundo de ideas, ciencia y arte. Entre sus influyentes parientes se encontraban famosos anatomistas, filósofos, artistas y cirujanos. Con la llegada de los nazis al poder en Alemania, su familia se refugió en París y Argel. Algunos amigos de la familia pusieron a Zuckerkandl en contacto con Albert Einstein, quien, utilizando sus influencias, consiguió que el joven Émile estudiara en Estados Unidos. Esto llevó a Zuckerkandl a la Universidad de Illinois y a sus laboratorios, donde estudió la biología de las proteínas. Era un apasionado por los océanos, y durante los veranos solía visitar las estaciones marinas de Estados Unidos y Francia. Allí quedó fascinado por los cangrejos y las moléculas que intervienen en el paso de embriones a adultos.

Zuckerkandl se adentró en la bioquímica en un momento propicio. A finales de la década de 1950, los científicos de los Institutos Nacionales de la Salud, así como el propio Francis Crick, empezaban a descifrar el significado de las cadenas de A, T, G y C. Cada secuencia de ADN lleva las instrucciones para fabricar otra secuencia de moléculas. Según las circunstancias, una secuencia de ADN puede utilizarse como molde para fabricar una proteína o para hacer copias de sí misma. La cadena de A, T, G y C se traduce en una secuencia de otro tipo de molécula para construir una proteína: los aminoácidos. Diferentes cadenas de aminoácidos, a su vez, forman diversas proteínas. Hay veinte tipos diferentes de aminoácidos y cualquiera de ellos puede residir en cualquier punto de la secuencia. Este código puede producir un número enorme de proteínas diferentes. Veamos un poco de matemáticas: si hay veinte aminoácidos diferentes que pueden ensamblarse en cualquier combinación y una cadena proteica tiene unos cien aminoácidos de longitud, el número de proteínas diferentes que pueden fabricarse es un 1 con 130 ceros detrás. En realidad, el número real es mucho mayor porque la longitud de la proteína en nuestra estimación, cien, es relativamente pequeña. La proteína más grande del cuerpo humano, conocida como titina, consta de una cadena de 34 350 aminoácidos.

El truco mental consiste en recordar que el ADN está formado por una cadena de bases, simbolizadas como letras, que codifica las cadenas de aminoácidos, que, a su vez, forman las proteínas. Dado que las distintas proteínas están formadas por diferentes secuencias de aminoácidos, la secuencia de ADN codifica las diversas proteínas que ayudan a crear vida de nuevo en cada generación.

A finales de la década de 1950, los investigadores fueron capaces de cartografiar las secuencias de aminoácidos de las distintas proteínas para empezar a comprender cómo funcionan en el organismo. Estos descubrimientos anunciaron una era en la que los científicos podían estudiar la estructura de las proteínas para comprender las enfermedades. Por ejemplo, en la anemia falciforme, los glóbulos rojos enfermos solo viven entre diez y veinte días, mientras que los sanos pueden vivir casi diez veces más. Además, las células falciformes, como su nombre indica, tienen una forma característica. Esta diferencia hace que se destruyan en el bazo mucho más fácilmente que los normales, que tienen forma de disco. Como consecuencia, la anemia falciforme, en sus casos más extremos, puede ser mortal a los tres años en casi el 70 % de los afectados. ¿Y cuál es la diferencia entre una proteína roja de la sangre sana y una falciforme? Tan solo un aminoácido en la cadena: el aminoácido glutamato se sustituye por uno llamado valina en la sexta posición de la secuencia. Una diferencia minúscula en la secuencia de aminoácidos puede conllevar consecuencias masivas para la proteína, para las células en las que se encuentra la proteína y para la vida de los individuos que tienen esas células.

Inspirado por el poder de esta nueva biología, Zuckerkandl centró su atención en las especies de su laboratorio marino. Especuló que cuando los cangrejos mudan de pequeños embriones a adultos, ciertas proteínas entran en acción. Se propuso estudiar las estructuras de las proteínas y cómo controlan la respiración, el crecimiento y la muda del caparazón de los cangrejos.

Entonces, su vida cambió en una especie de karma científico. Linus Pauling (1901-94), entonces Premio Nobel de Química, estaba de visita en Francia y pasó por el laboratorio marino para ver a unos amigos. Zuckerkandl, enamorado de las proteínas y los cangrejos, se acercó Pauling como un fan se acercaría a una estrella del rock, más que como un científico en busca de un nuevo proyecto de investigación. Aquella interacción transformaría a Zuckerkandl y, en última instancia, a la propia ciencia.

A mediados de la década de 1950, Pauling había descubierto la estructura de los cristales y las propiedades fundamentales de los átomos y los enlaces moleculares, e incluso había formulado una teoría molecular de la anestesia general. Sin embargo, acabó perdiendo la carrera con Watson y Crick por descubrir la estructura del ADN. Más tarde, dedicó un esfuerzo considerable a promover su teoría de que la vitamina C protegía contra el resfriado común y otras infecciones.

Pauling creció en Oregón y estudió en el Oregon State Agricultural College. Su intrépido enfoque de la ciencia le ha convertido desde siempre en uno de mis héroes. Formó parte del comité de selección de una fundación de Nueva York que financia a artistas y científicos en momentos clave de sus carreras. La fundación lleva concediendo becas desde los años veinte y conserva todas las solicitudes que ha recibido. Sus oficinas de Park Avenue son un tesoro de cartas, archivos y solicitudes de premios nobel, novelistas, bailarines y académicos de todo tipo. Un colega conocía mi interés y, cuando llegué al trabajo una mañana, vi un viejo expediente arrugado sobre mi mesa. Era la solicitud de Pauling en los años veinte. En aquella época, las solicitudes requerían expedientes académicos y notas médicas, cosas que hoy en día nunca pediríamos. Me interesé especialmente por su expediente académico del Estado de Oregón. Su expediente se distinguía por sus altibajos. Como era de esperar, sacaba sobresalientes en geometría, química y matemáticas. Su trabajo en «cocina de campamento» mereció una C poco distinguida. La gimnasia fue una cadena continua de suspensos durante años. En su segundo año, Pauling obtuvo una de las mejores notas de su clase en un curso obligatorio sobre «explosivos». Finalmente ganó dos Premios Nobel: tras recibir el galardón en química en 1954 por entender las proteínas, ganó el Premio de la Paz en 1962, por su trabajo contra las pruebas nucleares. Los sobresalientes de Pauling en química y explosivos en la universidad le auguraban un futuro prometedor.

Tras una breve conversación, Pauling vio algo especial en Zuckerkandl y le invitó a trasladarse a Caltech. Sin embargo, la oferta de Pauling venía con condiciones. Pauling no disponía entonces de un laboratorio propio, porque la mayoría de los días estaba fuera trabajando en sus actividades antinucleares. Pauling puso a Zuckerkandl en contacto con un colega cuyo laboratorio estaba equipado para realizar experimentos bioquímicos. Cuando Zuckerkandl le planteó su idea de trabajar con proteínas de cangrejo, Pauling se negó. Durante más de una década, Pauling se había interesado por el modo en que la radiación nuclear podía afectar a las células. Uno de los objetivos de su trabajo era la proteína hemoglobina, que transporta el oxígeno de la sangre de los pulmones a las células del cuerpo. Pauling sugirió, por decirlo suavemente, que el joven Zuckerkandl abandonara su aspiración de comprender los cangrejos y dedicara en cambio su tiempo a pensar en la hemoglobina. Aunque el cambio desbarató los planes de Zuckerkandl, el consejo fue profético. Zuckerkandl exploró las proteínas de hemoglobina de distintas especies utilizando algunas de las tecnologías de la época, que eran bastante limitadas. No podía secuenciar la composición de aminoácidos de las proteínas de distintas especies, así que las extrajo y utilizó métodos relativamente sencillos para evaluar su tamaño y su carga eléctrica. Partiendo de la hipótesis de que las proteínas con secuencias de aminoácido similares deberían tener pesos y cargas eléctricas similares, utilizó estas medidas fáciles de obtener como indicadores de su similitud global.

Zuckerkandl descubrió que las hemoglobinas de los humanos y los simios eran más similares entre sí en tamaño y carga que las de las ranas y los peces. Para él, este hecho era el atisbo de algo importante. Especuló que esta similitud entre las proteínas humanas y las de los simios podía ser el resultado de la evolución: las proteínas de la sangre humana y de los primates eran similares porque debían estar estrechamente emparentadas. Cuando mostró su resultado inicial al director del laboratorio, Zuckerkandl se llevó un revés. El profesor era un ferviente creacionista y no quería oír hablar de la evolución en su laboratorio. Zuckerkandl podía seguir trabajando allí, pero el jefe no quería nada que ver con ninguna publicación que sugiriera que las personas y los monos estaban emparentados entre sí.

La puerta pareció cerrarse para Zuckerkandl justo cuando vio un atisbo de éxito.

Entonces, su suerte cambió. Pauling recibió una invitación para contribuir con un artículo al *Festschrift* de otro premio Nobel, su íntimo amigo Albert Szent-Györgyi. Los *Festschriften* son libros o números especiales de revistas que se publican con motivo de la jubilación de un compañero. Suelen contener varios artículos que celebran la carrera científica de amigos y colegas de toda la vida. Lo importante es que en estos volúmenes no aparece prácticamente nada importante, porque los artículos suelen ser simples recuerdos salpicados de fragmentos de datos nuevos. Estos volúmenes no suelen ser revisados por pares, por lo que pueden contener varias largas páginas de adulación al homenajeado o datos que los autores no podrían publicar en ningún otro sitio. Conocedor de estos hechos y deseoso de homenajear a su amigo, y siendo él mismo un científico muy audaz, Pauling tuvo una idea. Se dirigió a Zuckerkandl con la idea de escribir «algo escandaloso».

Esta insólita aspiración alimentó uno de los artículos científicos claves del siglo XX. Era el momento oportuno para hacer algo audaz en bioquímica. Cuando Zuckerkandl entró en el círculo científico de Pauling a finales de la década de 1950, ya se disponía de las secuencias de aminoácidos de distintas proteínas y el laboratorio de Pauling tenía acceso a estos datos. La secuenciación actual del ADN estaba aún muy lejos, pero era ya posible secuenciar la cadena de aminoácidos de diferentes proteínas, aunque fuera un proceso complicado y lento. Pauling estaba adquiriendo las secuencias de las proteínas de gorilas, chimpancés y personas, entre otros. Armados con esta nueva información, Zuckerkandl y Pauling estaban listos para atacar la cuestión fundamental: ¿Qué dicen las proteínas de diversos animales sobre sus relaciones? Los primeros resultados de Zuckerkandl, basados en unos análisis rudimentarios del tamaño y la carga, sugerían que las proteínas podían decir mucho sobre la historia.

Un siglo antes de que nadie conociera el ADN y las secuencias de las proteínas, las ideas de Darwin habían hecho inferencias específicas sobre ellos. Darwin especuló que, si las criaturas compartían un árbol genealógico, entonces las secuencias de aminoácidos de las proteínas de los humanos, otros primates, mamíferos y ranas deberían reflejar su historia evolutiva. Los experimentos iniciales de Zuckerkandl insinuaban que podía ser así.

La hemoglobina resultó ser un tema ideal para esta investigación. Todos los animales utilizan oxígeno en su metabolismo, y la hemoglobina es la proteína de la sangre que transporta el oxígeno desde los órganos respiratorios, ya sean pulmones o branquias, a los demás órganos del cuerpo. Zuckerkandl y Pauling compararon la secuencia de aminoácidos de la molécula de hemoglobina en distintas especies y pudieron estimar el grado de similitud de las proteínas.

Cada nueva especie que Zuckerkandl y Pauling añadían a su análisis esclarecía aún más la predicción de Darwin. Las secuencias de los humanos y los chimpancés eran más similares entre sí que las de las vacas. Y todas las hemoglobinas de los mamíferos eran más similares entre sí que las de las ranas. Zuckerkandl y Pauling confirmaron que podían descifrar las relaciones entre las especies, y la historia de la vida en general, a partir de las proteínas.

Los dos llevaron su idea un paso más allá en un audaz experimento mental. ¿Y si las proteínas evolucionasen a un ritmo constante durante largos periodos de tiempo? Si eso fuera cierto, cuantas más proteínas de dos especies difirieran entre sí, más tiempo llevarían evolucionando de forma independiente a partir de un ancestro común. Según esta lógica, la razón por la que las proteínas de los humanos y los monos son más parecidas entre sí que a las de las ranas es que los humanos y los monos comparten un antepasado común más reciente entre sí que cualquiera de ellos con las ranas. Esto tiene sentido, dado lo que sabemos por la paleontología: el ancestro común primate que compartimos los humanos y los monos sería uno más reciente que el anfibio que compartimos con las ranas.

Si, como especulaban Pauling y Zuckerkandl, las proteínas evolucionaban a un ritmo constante, se podrían utilizar las diferencias en la secuencia de proteínas para calcular el tiempo que esas especies compartieron ese antepasado común. Las proteínas presentes en los cuerpos de las distintas especies podrían servir como una especie de reloj para comprender la evolución: no se necesitarían rocas ni fósiles para contar el tiempo en la historia de la vida. Esta idea, tan descabellada cuando se propuso por primera vez, se conoce ahora como «reloj molecular» y se utiliza en muchos casos para calcular la antigüedad de diversas especies.

Zuckerkandl y Pauling estaban ideando una forma totalmente nueva de deducir la historia de la vida. Durante más de un siglo, la historia de la vida se había intentado descifrar al comparar los fósiles antiguos. Pero ahora, conociendo la estructura de las proteínas de distintos animales, Pauling y Zuckerkandl podían evaluar las relaciones evolutivas. Esta idea supuso una gran oportunidad, ya que los cuerpos contienen decenas de miles de proteínas. Las proteínas de diferentes especies podrían ser tan informativas como los fósiles. Por el contrario, estos fósiles no se encuentran en las rocas, sino dentro de cada órgano, tejido y célula de cada animal vivo del planeta. Si uno sabía dónde buscar, se podía descubrir la historia de la vida en cualquier zoo o acuario bien surtido. Ahora se puede conocer la historia de todas las criaturas, incluso de aquellas cuyo registro fósil aún no ha sido desenterrado.

El ADN pasa de generación en generación con la información para fabricar proteínas y, por tanto, para fabricar cuerpos. Los individuos y sus cuerpos pueden ir y venir, pero las moléculas forman una conexión ininterrumpida a través de los siglos. Cuanto más profundizamos en esa conexión, más aprendemos sobre las relaciones entre todos los seres vivos.

Con la publicación del *Festschrift* a principios de la década de 1960, Zuckerkandl y Pauling acabaron dando origen a un nuevo campo de investigación que utilizaba moléculas para rastrear la historia. Sin embargo, sería imposible adivinar la repercusión futura de su artículo por la reacción de la comunidad científica de la época. «Los taxónomos lo odiaban. Los bioquímicos lo consideraban inútil», recordaba Zuckerkandl en su quincuagésimo aniversario. Los taxonomistas, los paleontólogos y todos los que se dedicaban a la anatomía despreciaron la idea. Estos campos ya no tendrían el monopolio de la reconstrucción de la historia evolutiva. Zuckerkandl y Pauling demostraron que prácticamente todas las moléculas del cuerpo de los seres vivos pueden contarnos acontecimientos pasados. Si los paleontólogos pensaban que el artículo amenazaba su supervivencia, a los bioquímicos no podía importarles menos. Para ellos, los estudios evolutivos eran una especie de remanso elegante. En su opinión, los científicos serios debían trabajar en la estructura de las proteínas, las enfermedades y la función, no en las relaciones entre las personas y las ranas.

Una revolución molecular

Las reacciones químicas y las ideas científicas comparten una similitud fundamental: ambas suelen necesitar unos catalizadores para producirse. Alguien tomó las ideas de Zuckerkandl y Pauling para engendrar una comunidad de científicos que abordaron la historia de la vida con nuevos ojos.

A principios de la década de 1960, Allan Wilson (1934-91), un prodigio de las matemáticas de Nueva Zelanda, se pasó a la biología y se incorporó a la Facultad de Bioquímica de la

Universidad de California en Berkeley. Era una época de agitación en los campus universitarios en general, y en Berkeley en particular, y Wilson se convirtió en uno de los profesores más activos políticamente. Le gustaba crear caos en todo lo que hacía, hasta el punto de que sus alumnos describían las protestas políticas como una especie de reunión de laboratorio en grupo.

Una premisa sencilla impulsó la carrera de Wilson hasta su prematura muerte a los cincuenta y seis años. Creía que si no se puede simplificar un fenómeno complejo en sus partes más constituyentes, entonces es que no se entendía. El matemático que llevaba dentro le llevó a buscar reglas sencillas detrás de los patrones biológicos y a desarrollar después medios rigurosos para ponerlas a prueba. A Wilson le apasionaba desarrollar hipótesis audaces y escandalosamente sencillas para explicar patrones complejos en la historia de la vida. Luego, intentaba falsar su idea con tanta investigación como fuera posible. Si la idea resistía su propio bombardeo de datos, entonces estaba lista para revelarse al mundo exterior. Este enfoque hizo del laboratorio de Wilson un epicentro estridente para algunos de los mejores y más brillantes estudiantes de Berkeley en los años setenta y ochenta. Su laboratorio se convirtió en un hervidero intelectual con una actitud desenfrenada e intensa, que atrajo a jóvenes estudiantes de talento de todo el mundo, muchos de los cuales se convirtieron más tarde en luminarias por derecho propio.

Yo llegué a Berkeley tras haberme doctorado en paleontología en 1987, cuando Wilson y su equipo estaban en la cima de sus descubrimientos. Mi mundo se centraba en las rocas y los fósiles, no en las proteínas y el ADN. Las presentaciones de Wilson ya atraían a grandes multitudes de toda la universidad y las líneas de batalla entre anatomistas y biólogos moleculares estaban trazadas y profundamente arraigadas. En un seminario, yo estaba con un grupo de paleontólogos que se sentían cada vez más incómodos con cada diapositiva que pasaba de la charla de Wilson. El crescendo llegó cuando Wilson presentó una sencilla ecuación, con tres variables, que según él revelaba la rapidez con que se produce la evolución en las distintas especies. Al ver esta diapositiva, un colega me dio un codazo y me preguntó con sarcasmo: «¿Así que la mayor parte de la paleontología encaja en esa ecuación?» Para Wilson, el campo de la biología evolutiva estaba preparado para sus ideas revolucionarias. La idea de Zuckerkandl y Pauling de las proteínas como señales históricas encajaba perfectamente en su estilo de investigación: era sencilla y podía ponerse a prueba con nuevos datos. Los animales tienen muchas proteínas, estas se van conociendo con gran regularidad, y, si había una señal histórica fuerte en los datos, Wilson no solo la encontraría, sino que exprimiría todas las inferencias posibles a partir de ella.

Wilson puso el listón muy alto. Su pregunta era: ¿Cuál es el parentesco de los humanos con otros primates? Si había una pregunta capaz de levantar polvareda, era esta. Y como las pruebas fósiles eran relativamente escasas en esta parte del árbol evolutivo, el enfoque molecular sería especialmente significativo.

Wilson tenía una habilidad casi mágica para atraer a los estudiantes a su órbita, cultivar su talento y ayudarles a hacer sus propios descubrimientos transformadores. Tras cursar estudios universitarios en el Medio Oeste, Mary-Claire King se marchó al oeste para estudiar estadística. Al llegar a California a mediados de los años sesenta, perdió su afición por las matemáticas y buscaba un nuevo enfoque intelectual. Un curso de genética impartido por uno de los científicos más experimentados de Berkeley despertó su pasión por este campo. Se introdujo en el mundo de la genética y trabajó durante un año en un laboratorio, pero descubrió que no tenía madera para el trabajo de laboratorio. Como su carrera científica no parecía muy prometedora, se tomó un año sabático para trabajar con Ralph Nader en el activismo consumista. Nader la invitó a trabajar con él en Washington, un paso que habría precipitado su salida de la universidad. Ella consideró la oferta mientras asistía a las protestas en Berkeley. Las protestas dominaron su tiempo y abrieron su mundo a nuevas personas y personalidades. Una de esas personalidades era Allan Wilson.

Después de una protesta, Wilson convenció a King para que volviera a la escuela de posgrado, aunque solo fuera para obtener el doctorado como una piel de cordero útil para su trabajo en política. Casi de inmediato, se vio inmersa en el activismo científico de Wilson, centrado en los datos. Pero el laboratorio de Wilson también le planteó nuevos retos que superar: ya no estaba en el reino de las ecuaciones y los números, ahora tendría que aprender a trabajar con sangre, proteínas y células.

Lo que complicaba aún más las cosas era que Wilson quería que realizara un sofisticado trabajo de laboratorio. Desde que Zuckerkandl y Pauling habían realizado su trabajo inicial sobre las proteínas, varios laboratorios se estaban dedicando a entender qué simios vivos eran nuestros parientes más cercanos y cuánto tiempo hace que nuestra especie divergió de ellos. Wilson y su grupo creían que las respuestas vendrían de obtener tantos datos nuevos como fuera posible. Al estilo clásico de Wilson, King decidió examinar no solo la hemoglobina, sino todas las proteínas a su alcance. Una coincidencia de señales en muchas proteínas diferentes debería constituir una señal evolutiva sólida. De este modo, King y Wilson recibieron sangre de chimpancés de varios zoológicos y sangre humana de hospitales. Si King no tenía un don para el trabajo de laboratorio, iba a tener que encontrarlo: la sangre de chimpancé se coagulaba con extrema rapidez, así que tendría que trabajar deprisa o desarrollar nuevos métodos. Al final, hizo ambas cosas.

King decidió utilizar un método rápido para comprobar las diferencias entre proteínas. La idea es una versión sencilla de la que Zuckerkandl había utilizado una década antes. Si dos proteínas difieren en su secuencia de aminoácidos, su peso también será diferente. Además, al estar compuestas de aminoácidos diferentes, sus cargas eléctricas también serían diferentes. Desde un punto de vista técnico, si se pusieran esas proteínas en una suspensión de gel para retenerlas y luego se hiciera correr una corriente a través del gel, las proteínas migrarían hacia uno de los bordes, atraídas por la carga. Las proteínas similares migrarían a la misma velocidad, pero las que fueran diferentes no lo harían. Se puede imaginar el gel como una especie de hipódromo, donde la carga pondría en marcha la carrera. Las proteínas similares recorrerían una distancia similar en un tiempo similar. Cuanto más diferentes fueran, más separadas estarían sus carreras en el gel.

King se lanzó a su trabajo, aún insegura de sus habilidades. Y ahora, para empeorar las cosas, Wilson se marchó a África, dejándola prácticamente sola durante su año sabático. Intentaba llamarle por teléfono todas las semanas para revisar sus datos, pero se quedaba sola durante días.

Desde el principio, las cosas no fueron bien. King consiguió extraer las proteínas humanas y de chimpancé y colocarlas en los geles. Corrió los geles, pero las proteínas humanas y de chimpancé se movían casi lo mismo que todas las proteínas. No veía ninguna diferencia significativa entre humanos y chimpancés. ¿Había extraído las proteínas de forma correcta? ¿Había manipulado mal los geles? Sus esperanzas de lograr un gran avance parecían condenadas al fracaso.

Durante sus conferencias periódicas, King compartía sus datos con Wilson, quien, según su costumbre, acribillaba sus resultados con preguntas sobre técnica como si todavía estuviera en Berkeley. Por mucho que le hiciera todas las críticas imaginables, el resultado se mantenía. Las secuencias proteínicas de humanos y chimpancés eran casi idénticas. Y no era una sola proteína la que contaba la historia, sino más de cuarenta. De hecho, King no estaba dando vueltas sin rumbo, estaba revelando algo fundamental sobre los genes, las proteínas y la evolución humana.

King comparó a los humanos y los chimpancés con otros mamíferos. Y aquí se hizo evidente la importancia de su descubrimiento. Los humanos y los chimpancés son más parecidos genéticamente que dos especies distintas de ratón. Las especies casi idénticas de mosca de la fruta difieren genéticamente más entre sí que los humanos y los chimpancés. Los humanos y los chimpancés son, a nivel de proteínas y genes, casi idénticos.

Los geles de King revelaron una profunda paradoja. Las diferencias anatómicas entre humanos y chimpancés, incluida la esencia de nuestra singularidad humana —cerebros más grandes, bipedismo, proporciones de la cara, el cráneo y las extremidades—, no derivaban de diferencias en las proteínas o los genes que las codifican. Si las proteínas y el ADN que forman esas moléculas son en gran medida los mismos, ¿a qué se debían las diferencias? King y Wilson tenían una corazonada, pero no la tecnología para probarla.

La ciencia reciente ha confirmado lo que King y Wilson vieron por primera vez. Comparando los genomas completos, los chimpancés y los humanos son entre un 95 y un 98 % similares.

Los próximos avances no saldrían de las manos de una estudiante y su asesor trabajando solos. Hacía falta una gran ciencia, el tipo de ciencia cuyos resultados son anunciados por presidentes y primeros ministros.

Genomas sin Genoma

Cuando el presidente Bill Clinton y el primer ministro Tony Blair celebraron una rueda de prensa con los jefes de los equipos rivales que estudiaban el genoma humano —el que contaba con apoyo público, dirigido por Francis Collins, y el privado, dirigido por Craig Venter— solo tenían un borrador muy aproximado del genoma para anunciar. A pesar del alboroto, en el momento del anuncio, en 2000, faltaban grandes partes del genoma y se sabía muy poco sobre qué partes eran importantes para la salud y el desarrollo humanos.

Los resultados iniciales del Proyecto Genoma Humano tuvieron menos que ver con los genomas que con la tecnología. La carrera por secuenciar el genoma humano desencadenó un frenesí tecnológico que continúa hasta nuestros días. Gordon Moore predijo en 1965 que la velocidad de los microprocesadores se duplicaría cada dos años. Sentimos los resultados de ese aumento con cada compra que se realiza de un dispositivo digital: los ordenadores y los teléfonos son cada vez más potentes y baratos con cada año que pasa. La tecnología genómica ha superado incluso esos ritmos de progreso. El Proyecto Genoma Humano duró más de una década, costó más de 3 800 millones de dólares e implicó salas llenas de máquinas. Hoy en día, existe una aplicación muy simple para este proceso y ya se están comercializando varios secuenciadores genéticos portátiles.

Una vez cartografiado el genoma humano, los genomas de las otras especies aparecieron cada año. Ahora, los genomas se anuncian tan rápidamente que el ritmo solo está limitado por la frecuencia con que se publican las revistas científicas. Hemos tenido el proyecto del genoma del ratón, el proyecto del genoma del lirio, el proyecto del genoma de la rana… proyectos de todo tipo, desde virus hasta primates. Al principio, la publicación de un proyecto sobre el genoma era un gran acontecimiento; los resultados aparecían en las revistas de primera categoría, y la prensa los anunciaba a bombo y platillo. Hoy en día, a menos que esté en juego algún proceso biológico o problema de salud importante, los nuevos genomas se publican sin apenas mención.

Aunque el brillo de los artículos sobre el genoma se ha desvanecido, siguen siendo una bonanza que habría deleitado y cautivado a Émile Zuckerkandl, Linus Pauling y Allan Wilson. Gracias a los genomas de moscas, ratones y personas, ahora podemos plantearnos cuestiones fundamentales sobre la vida: ¿cómo se relacionan las especies y qué las diferencia?

Cada uno de nosotros está formado por billones de células —musculares, nerviosas, esqueléticas y cientos más— que trabajan juntas, todas empaquetadas y conectadas de la forma adecuada. El gusano plano *Caenorhabditis elegans,* por ejemplo, solo tiene 956 células. Si esto no te parece sorprendente, considera lo siguiente: a pesar de las enormes diferencias en el número de células y la complejidad de los órganos y partes del cuerpo, los seres humanos y los gusanos tienen el mismo número de genes, aproximadamente unos veinte mil. Y los gusanos son solo el principio. Las moscas también tienen aproximadamente el mismo número que nosotros. De hecho, los animales son verdaderos tacaños en comparación con plantas como el arroz, la soja, el maíz y la mandioca, ya que todas estas tienen casi el doble de genes. Lo que sea que esté impulsando la evolución de nuevos órganos, tejidos y comportamientos complejos en el mundo animal no proviene de tener más genes.

La organización del propio genoma es aún más extraña si cabe. Recuerda nuestro mantra: los genes son las cadenas de bases que se traducen en una secuencia de aminoácidos, y esas secuencias de aminoácidos codifican las proteínas. En esencia, los genes contienen la plantilla molecular de las proteínas. Cuando se publica la secuencia de un gen, los autores están obligados a poner los datos a disposición del público y depositar la información en una base de datos informática nacional. Tras décadas de trabajo sobre los genes, estos repositorios están floreciendo con secuencias de miles de genes de miles de especies. Ahora, cualquiera puede sentarse en su escritorio, teclear una secuencia y ver qué gen coincide con qué especie. Cuando se compara un genoma completo con los genes de estas bases de datos, se puede obtener una imagen de los genes que contiene observando las coincidencias. Habiéndose publicado tantos genomas en las dos últimas décadas, es evidente una cosa: los genes son raros en los genomas. Si los genes son la parte del genoma que codifica las proteínas, la mayor parte del genoma no parece estar implicada en su fabricación. Las secuencias de genes que codifican proteínas componen menos del 2 % del genoma humano. Eso provoca que haya un 98 % sin ningún gen.

Los genes no son más que islas en un mar de ADN. Salvo raras excepciones, este patrón es válido para todas las especies, desde los gusanos hasta los ratones. Si la mayor parte del genoma no contiene genes que codifican proteínas, ¿qué hace?

Bacterias al rescate

Tras servir en la resistencia francesa durante la Segunda Guerra Mundial, dos biólogos franceses, François Jacob (1920-2013) y Jacques Monod (1910-76), empezaron a trabajar con bacterias para entender cómo digieren el azúcar. Si había alguna cuestión que pareciese más esotérica y menos relacionada con la condición humana, era esta.

Jacob y Monod demostraron que la bacteria común *Escherichia coli* puede digerir dos azúcares de su entorno, la glucosa y la lactosa. El genoma bacteriano es relativamente sencillo. Los tramos más largos contienen los genes sobre la información necesaria para fabricar las proteínas que digieren cada tipo de azúcar. Cuando abunda la glucosa y escasea la lactosa, el genoma fabrica la proteína que digiere la glucosa. Cuando ocurre lo contrario, el genoma fabrica la que digiere la lactosa. Aunque este estado de cosas pueda parecer simple y obvio, fue la base de una revolución en la biología.

Los científicos descubrieron dos componentes en el genoma bacteriano. En el primero, los genes contienen la información sobre la estructura de cada proteína que digiere los dos azúcares diferentes. Son los A, T, G y C, que se traducen en las secuencias de cadenas de aminoácidos que componen una proteína. Al lado de los genes, hay otras cadenas más cortas de A, T, G y C que no codifican ninguna proteína. Cuando otra molécula se une a este tramo, esta activa o desactiva el gen. Este es el segundo componente. Piensa en estas cadenas más cortas como interruptores moleculares que controlan cuándo un gen estará activo y producirá una proteína. En las bacterias, los genes y los interruptores que controlan su actividad se encuentran uno junto al otro en el genoma. Dependiendo del azúcar presente, una reacción molecular controla qué gen se activa y, a su vez, qué proteína se fabrica.

Jacob y Monod descubrieron que el genoma bacteriano es un proceso de fabricación biológica que produce proteínas en el lugar y el momento adecuados. Hay dos componentes: los genes que codifican las proteínas y los interruptores que indican a los genes cuándo y dónde deben estar activos. Por este trabajo, la pareja ganó el Premio Nobel de Fisiología o Medicina en 1965.

En las décadas transcurridas desde el Nobel de Jacob y Monod, la doble organización del proceso de fabricación de proteínas se ha ido descubriendo como una característica general de todos los genomas. Todos los animales, plantas y hongos tienen genes que codifican proteínas e interruptores moleculares que activan y desactivan los genes.

Este descubrimiento proporciona las pistas para comprender qué hace que las células, los tejidos y los órganos sean distintos. Un cuerpo humano es esencialmente un paquete altamente organizado de cuatro billones de células de doscientos tipos diferentes, organizadas como tejidos, desde el hueso y el cerebro hasta el hígado y el esqueleto. El tejido cartilaginoso está compuesto por células que fabrican colágeno, proteoglicanos y otros componentes que se combinan con el agua y los minerales del organismo para conferir al cartílago sus capacidades de flexibilidad y soporte. La constelación de proteínas que forman una célula nerviosa es distinta de la del cartílago, el músculo o el hueso.

El problema es el siguiente: cada célula del cuerpo contiene la misma secuencia de ADN, derivada del óvulo fecundado que lo originó todo. El ADN de una célula nerviosa es prácticamente idéntico al del cartílago, el músculo o el hueso. Si cada célula tiene los mismos genes en su interior, las diferencias entre las distintas células radican en qué genes están activos para fabricar proteínas. Los tipos de interruptores que Jacob y Monod descubrieron resultan esenciales para comprender cómo el genoma construye células, tejidos y cuerpos diferentes.

Si pensamos en el genoma como una receta, los genes codifican los ingredientes y los interruptores contienen las

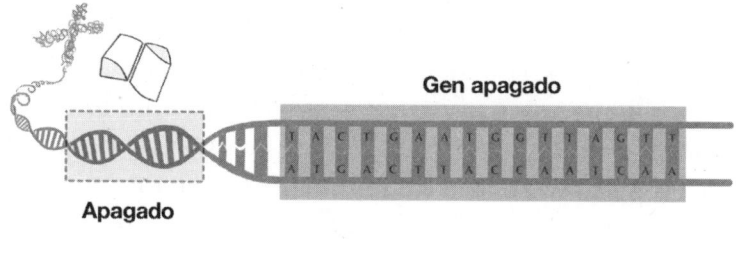

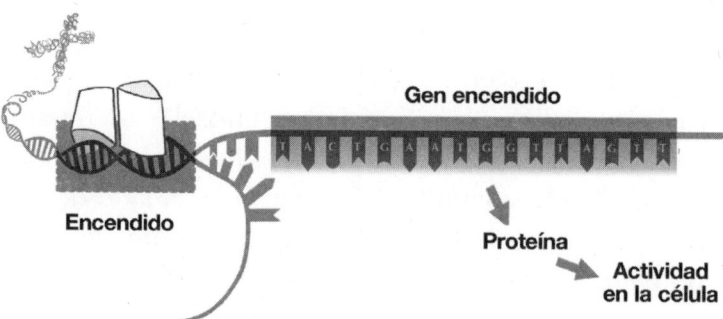

Cuando se acciona un interruptor genético, normalmente a través de proteínas que se unen a él, un gen se activa y produce una proteína.

instrucciones sobre cuándo y dónde añadir cada ingrediente. Si el 2 % del genoma está formado por genes que fabrican proteínas, entonces parte de ese otro 98 % contiene la información que indica a los genes cuándo y dónde deben estar activos.

Pero ¿cómo construye el genoma un cuerpo? ¿Cómo produce cambios en las especies en la historia de la vida? Nadie lo sabía en la época del Proyecto Genoma Humano, pero el reducido número de genes y su rareza en el genoma eran solo la punta del iceberg de las sorpresas que estaban por llegar.

El dedo señala el camino

Los marineros creían que los gatos de seis dedos daban buena suerte a los barcos. Se creía que estos gatos eran buenos cazando ratones, porque sus anchas patas les permitían mantener el equilibrio en el mar. Stanley Dexter, un capitán de barco, tuvo una camada de estos gatos y le regaló uno a su amigo Ernest Hemingway, que por entonces vivía en Cayo Hueso. Este gatito, apodado Blancanieves, dio lugar a un linaje de gatos de seis dedos que prospera hasta hoy en la finca Hemingway. Además de ser un gran atractivo para los turistas, estos gatos han desempeñado un papel fundamental en una nueva concepción del funcionamiento del genoma.

Las personas a veces poseen estos dedos de más. Aproximadamente una de cada mil personas nace con un dígito extra en la mano o el pie. En un caso extremo, en 2010, un niño de la India nació con treinta y cuatro dedos. Los dedos adicionales pueden aparecer en el lado del pulgar o en el lado del meñique, o en dedos separados y bifurcados. Este dedo adicional en el lado del pulgar, conocido como polidactilia preaxial, es un caso excepcional desde un punto de vista biológico.

En los años 60, los científicos que estaban trabajando con huevos de gallina investigaban cómo se formaban las alas y

Los gatos de Hemingway tienen patas anchas con seis o más dígitos.

las patas en el embrión durante el desarrollo. Las extremidades emergen del cuerpo del embrión como diminutos brotes, con el aspecto de pequeños tubos. Al cabo de unos días —el número varía según la especie— la yema crece, empiezan a formarse los huesos y la extremidad en crecimiento adquiere la forma de una paleta ancha. Dentro de esta superficie expandida se forman los dedos, las muñecas y los tobillos.

Los científicos descubrieron que, si extirpaban o movían las células del interior de la zona de la paleta, podían modificar el número de dígitos que se formaban. Si extirpaban una pequeña franja de tejido en la fase tardía del desarrollo, la extremidad dejaba de crecer. Si cortaban por el contrario esta tira durante el desarrollo temprano, el embrión formaba una extremidad con pocos dígitos o ninguno en absoluto. Si extraían la tira en fases posteriores, el embrión podía carecer de un solo dígito. La fase de desarrollo en la que se hacía el experimento era la clave: la extracción temprana tiene efectos más dramáticos en el embrión que la extracción tardía.

John Saunders y Mary Gassling, de la Universidad de Wisconsin, por razones que se pierden en el tiempo, extrajeron una diminuta porción de tejido de la base de la paleta de crecimiento de un miembro. Este trozo, en sí mismo, es anodino, no tiene nada de particular; se encuentra en el lado de la paleta donde en su forma final se formará el meñique. Los investigadores tomaron este trozo de tejido, de menos de un milímetro de longitud y lo injertaron en el lado opuesto de la yema, en la base de la paleta donde se formaría el primer dedo. Tras sellar el embrión en el huevo, dejaron que este completara su desarrollo.

El embrión que salió fue sorprendente en todos los sentidos. Parecía un polluelo normal, con pico, plumas y alas. Sin embargo, sus alas, a diferencia de las alas normales con un patrón de tres dedos alargados, poseían hasta seis dedos. Algo dentro de ese pequeño parche de células contenía las instrucciones para fabricar los dedos.

Otros laboratorios no tardaron en seguir su ejemplo. En los años setenta, un grupo inglés colocó unas pequeñas tiras de papel de aluminio entre el parche de tejido y el resto de la yema. Las alas que surgieron tenían menos dedos de lo normal, porque el papel de aluminio había servido de barrera entre el parche y otras células. Esto implica que existe algún compuesto que emana de esa zona de células, se difunde por la extremidad en desarrollo y estimula la formación de los dedos. Cuando una barrera de lámina detiene esa difusión, se forman menos dígitos, y cuando la barrera se coloca en un punto diferente de la extremidad, se forman más dígitos. Pero ¿cuál es el compuesto que se libera?

A principios de la década de 1990, tres laboratorios, que trabajaban de forma independiente, utilizaron unas técnicas nuevas para aislar la proteína y el gen que la producía. Durante el desarrollo de las extremidades, el gen produce una proteína que se difunde por la paleta de la yema de la extremidad. Al hacerlo, los investigadores descubrieron que indica a los grupos de células qué dígitos deben formar. Los niveles altos de la proteína forman el meñique, o quinto dedo, los niveles bajos forman el primer dígito o pulgar, mientras que los niveles intermedios forman los dígitos intermedios. Uno de estos grupos de investigadores bautizó el gen con el nombre de *Sonic hedgehog*, un guiño tanto al gen conocido como *hedgehog* (erizo) que actúa en otras especies como al videojuego que estaba de moda en aquella época.

¿Qué le dice al gen que produzca menos o más dígitos? ¿Existen acaso unos interruptores en el gen *Sonic hedgehog* que influyan en la evolución de los dedos? La respuesta a esta pregunta sería clave para entender cómo los genes construyen los cuerpos y cómo evolucionan. Como la mayoría de los momentos importantes de la vida y la ciencia, esta historia comienza con un accidente.

A finales de los años 90, un equipo de genetistas londinenses insertaba fragmentos dispersos de ADN en el genoma de ratones para estudiar la formación del cerebro. Estos fragmentos forman parte de una pequeña máquina molecular que los investigadores fabrican para unir al ADN y marcar así su actividad. De vez en cuando, algo sale mal en este tipo de experimentos. El fragmento puede caer en cualquier parte del genoma. Si cae en una parte biológicamente importante del genoma, puede crear una mutación. Eso es lo que ocurrió con el experimento de este equipo: algunos de los ratones inyectados había desarrollado cerebros normales, pero tenían los dedos de las manos y los pies deformados. De hecho, uno de los ratones tenía dedos de más y patas muy anchas, no muy distintas de las de los gatos de Hemingway. El equipo fue capaz de generar una línea familiar completa de estos mutantes y, por convención científica, darles un nombre. Los llamaron Pie Grande, por el monstruo de la leyenda.

Dado que sus mutantes eran ahora inútiles para el estudio de los cerebros, el equipo se preguntó si algún biólogo estudioso de las extremidades podría estar interesado en ellos. En una reunión científica, presentaron un póster anunciando sus resultados. A veces, se piensa que los pósteres de los congresos contienen la lista secundaria de los resultados científicos, ya que los mejores suelen presentarse como ponencias. Sin embargo, los pósteres también tienen un elemento social: la gente se reúne y se habla de ciencia. Según mi experiencia, se establecen más colaboraciones a raíz de los pósteres que de las ponencias.

El póster mostraba un tipo de polidactilia que surgía de una mutación de *Sonic hedgehog:* los dedos sobrantes se situaban al lado del meñique. Esto se produce como consecuencia de que la mutación de *Sonic hedgehog* se activa en el otro lado de la extremidad. El siguiente paso era observar la actividad de *Sonic* en los mutantes, experimentos que el equipo realizó para presentarlos en su póster. Después de crear por accidente la mutación, los científicos observaron las diminutas extremidades en desarrollo al microscopio; la actividad de *Sonic* en los mutantes era muy alta, tal y como cabría esperar en este tipo de polidactilia. Esto llevó a la hipótesis de que el mutante Pie Grande se había producido a causa de la inserción del fragmento dentro o muy cerca del gen *Sonic hedgehog*.

El equipo no atrajo a ningún biólogo de extremidades a su cartel, pero Robert Hill, distinguido genetista de Edimburgo, pasó por allí por causalidad y las fotos de Pie Grande le llamaron la atención. A partir de ahí, comenzó un nuevo programa de investigación.

El laboratorio de Hill había adquirido su fama por comprender el funcionamiento del genoma en el desarrollo del ojo. Gracias a ese trabajo, su equipo, que incluía a la joven científica Laura Lettice, había desarrollado un conjunto de herramientas para sondear el genoma y encontrar fragmentos de

102

ADN. Como conocían la secuencia de ADN del fragmento, tenían que recorrer todo el genoma parar buscar dónde podía estar. Lettice acababa de empezar su carrera y aún estaba bastante verde, pero tenía la paciencia y la habilidad necesarias para lograrlo.

El equipo utilizó un sencillo truco para identificar la ubicación general de la mutación en la cadena de ADN. Tiñeron con colorante a una pequeña molécula complementaria del fragmento de ADN que contenía la mutación. La idea era que esta secuencia localizara la mutación, se uniera a ella y, *voilà*, el colorante se iluminara en ese lugar. Dado que la mutación afectaba a la actividad de *Sonic hedgehog*, era probable que se encontrara en uno de estos dos lugares: en el propio gen o en la región de control inmediatamente adyacente, como las regiones de control que Jacob y Monod habían descubierto en las bacterias.

Sin embargo, la reacción no afectó al gen de *Sonic*. Esa zona no estaba iluminada por el colorante. Lo que estaba afectando a *Sonic hedgehog* en la extremidad, y lo que causaba polidactilia, no era una mutación del gen o, correspondientemente, un cambio en su proteína. El equipo concluyó, al igual que Jacob y Monod, que una de las regiones de control adyacentes estaba afectada. Sin embargo, cuando empezaron a investigar a fondo, notaron que esa zona era completamente normal. Entonces, si ni el gen ni el interruptor adyacente estaban afectados, ¿cuál era la causa de la mutación?

Cualquiera que haya intentado recuperar un cohete a escala en un día de viento sabrá de sobra que puede perder mucho tiempo buscando algo cerca cuando se debería estar buscando muy lejos. Hill, Lettice y el equipo empezaron a recorrer todo el genoma hasta que por fin encontraron la señal. El fragmento insertado estaba a casi un millón de bases de distancia del gen *Sonic hedgehog*. Se trata de una enorme cantidad de espacio genético entre el lugar de la mutación y el del gen *Sonic*.

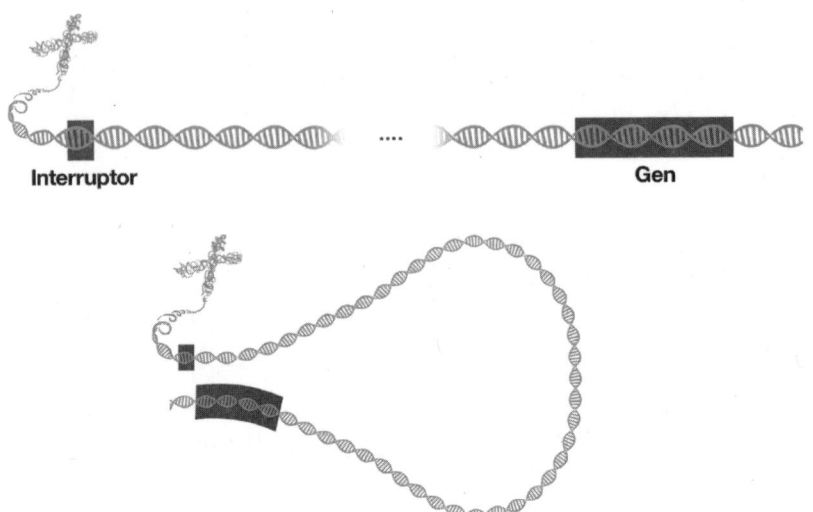

Interruptor

Gen

Algunos interruptores genéticos se encuentran lejos del gen que controlan. El ADN siempre está haciendo bucles, plegándose y contorsionándose para abrirse y cerrarse, devolviendo a los interruptores a la vecindad de su gen para activarlos y fabricar una proteína.

Pensando que debían de estar equivocados, repitieron el proceso y volvieron a analizar los resultados. Pero, por mucho que lo intentaron, el resultado siguió siendo el mismo. Una pequeña región a un millón de bases del gen controlaba de algún modo la actividad de *Sonic hedgehog*. Era como encontrar el interruptor de la luz de un salón de Filadelfia en una pared de un garaje de los suburbios de Boston.

¿Quizá los cambios en este remoto lugar fueran el origen de los dígitos extra? El equipo rastreó a todas las personas o gatos con seis dedos que pudo encontrar —varios pacientes polidáctilos en Holanda, un niño en Japón, incluso los gatos de Hemingway— y examinó su ADN. Y en todos ellos encontraron una ligera mutación en esa región a un millón de bases de distancia del gen *Sonic hedgehog*. De alguna manera, una pequeña mutación en el extremo más alejado del genoma provocaba un cambio en la actividad de *Sonic*, de forma que lo activaba en toda la extremidad, dando lugar a esos dedos adicionales.

Al secuenciar el patrón de A, T, C y G en esta región en concreto, descubrieron que este tramo de ADN es muy característico. Tiene una longitud de unas mil quinientas bases y su secuencia es similar entre distintas criaturas. Los humanos tenemos la región exactamente en el mismo lugar que los ratones, más o menos un millón de bases a distancia del gen. Lo mismo con las ranas, los lagartos y los pájaros; está presente en todo lo que tiene apéndices, incluso en los peces. Los salmones lo tienen, al igual que los tiburones. Todas las criaturas que poseen el gen *Sonic hedgehog* activo en el desarrollo de sus apéndices, ya sean extremidades o aletas, tienen esta región de control a casi un millón de bases de distancia. Con esta extraña disposición genómica, la naturaleza parecía estar diciéndoles algo importante a los científicos.

Un cambio en la receta

A primera vista, resulta sorprendente que los gatos y las personas polidáctilas sobrevivan hasta el nacimiento. El gen *Sonic hedgehog* no solo controla las extremidades durante el desarrollo embrionario, sino que es un gen maestro que controla también el desarrollo del corazón, la médula espinal, el cerebro y los genitales. *Sonic* es como una herramienta general que el desarrollo saca de su caja de herramientas para crear diversos órganos y tejidos. Por consiguiente, una mutación en el gen *Sonic hedgehog* debería afectar a todas las estructuras en las que actúa; los mutantes deberían tener las médulas espinales de formadas, así como los corazones, las extremidades, las caras y los genitales, entre otros órganos. ¿Qué tipo de animal surgiría entonces de una mutación en el gen *Sonic hedgehog*? Dado que una mutación en este gen probablemente produciría tantos tejidos aberrantes, la respuesta sería sin duda un animal muerto.

Por ello, existe un control sobre el *Sonic hedgehog* que se encarga de garantizar que este resultado no se produzca. ¿Por qué? Las mutaciones en la región del control de las extremidades solo afectan a estas. Por eso, los polidáctilos con este tipo de mutación en Sonic *hedgehog* tienen corazones, médulas espinales y otras estructuras normales: el interruptor que controla la actividad del gen es específico solo para un tejido concreto, de modo que el resto no se ve afectado.

Imagina una casa con muchas habitaciones, cada una con su propio termostato. Un cambio en la caldera afectará a la temperatura de todas las habitaciones, pero, si cambias un termostato, la temperatura solo cambiará en la habitación que controla el termostato. Lo mismo ocurre con los genes y sus regiones de control. Del mismo modo que un cambio en el horno afectará a toda la casa, una alteración en un gen, y en la proteína que produce, puede afectar a todo el organismo. Un cambio global sería catastrófico y produciría consecuencias nefastas en la evolución. Pero, como las regiones de control genético son específicas de los tejidos, como el termostato de una habitación, un cambio en un órgano no afectará a los demás. Los mutantes pueden ser viables y así es como funciona la evolución.

Existen dos tipos de cambios genómicos que pueden desempeñar un papel clave en los cambios evolutivos. En el primero, los cambios en los genes pueden provocar la formación de nuevas proteínas. Una mutación en la secuencia de A, T, G y C en el ADN puede provocar un cambio en la cadena de aminoácidos que forma la proteína. Si la mutación del ADN hace que se forme un aminoácido diferente a lo largo de esa cadena, entonces se puede producir una nueva proteína. Esto ocurre claramente en muchas de las principales proteínas del organismo, como los genes de la hemoglobina que estudiaron Zuckerkandl y Pauling. El punto clave es que un cambio en una proteína puede afectar al organismo en cualquier lugar donde se encuentre esa proteína.

El segundo tipo de cambio genómico puede producirse en los interruptores que controlan la actividad de los genes. Tras ver el trabajo de Bob Hill, un laboratorio de Berkeley quiso averiguar si el interruptor *Sonic hedgehog* estaba implicado en la evolución de las extremidades. Empezaron con las serpientes, ya que carecen por completo de extremidades. Cuando la región del genoma que contiene el interruptor se extrajo de una serpiente y se colocó dentro de un ratón, las extremidades del ratón no llegaron a formar dígitos. Con el tiempo, parece que las serpientes adquirieron mutaciones en el interruptor que controla su capacidad para formar extremidades. La proteína *Sonic hedgehog* de las serpientes es completamente normal, al igual que sus corazones, médulas espinales y cerebros. El cambio en el interruptor activo en las extremidades provocaba que solo cambiaba la actividad de *Sonic* en las extremidades.

Este truco genético encierra las claves de los mecanismos generales de revolución en la evolución. Si la última década y media de investigación sirve de indicador, los cambios en los interruptores que controlan la actividad de los genes están detrás de importantes cambios en la evolución de los cuerpos de vertebrados e invertebrados para órganos tan diferentes como cráneos, extremidades, aletas, alas de moscas y cuerpos de gusanos, entre muchos otros. En un caso tras otro, las transformaciones evolutivas tienen menos que ver con cambios en los propios genes que con cuándo y dónde están activos en el desarrollo.

David Kingsley, genetista de Stanford, lleva casi dos décadas estudiando el diminuto espinoso de tres aletas, un pez que vive en océanos y arroyos de todo el mundo. Los espinosos presentan una gran variedad de formas: algunos tienen cuatro aletas, otros dos y otros muestran distintas formas corporales y patrones diferentes de color. Esta diversidad hace que el espinoso sea una especie fascinante para explorar cómo los cambios genéticos pueden diferenciar a unos peces de otros. Gracias a la tecnología genómica, Kingsley ha podido mostrar las

107

regiones exactas del ADN que subyacen a la mayoría de estos cambios. Prácticamente todos son interruptores que controlan la actividad de los genes. El pez que posee solo dos aletas tiene un gen con una actividad drásticamente alterada que inhibe la actividad de un gen necesario para el desarrollo de la aleta posterior. El científico demostró que el cambio no se producía en el gen, sino en el interruptor que controla la actividad del gen. ¿Qué crees que pasa cuando se coge el interruptor de un pez que tiene cuatro aletas y se coloca en los que normalmente solo tienen dos? Kingsley lo hizo y creó un mutante de cuatro aletas a partir de progenitores de dos aletas.

Ahora disponemos de la tecnología necesaria para escanear todo el genoma y ver dónde residen los genes y sus regiones de control. Las regiones de control se encuentran por todo el genoma; algunas están cerca del gen, mientras que otras, como las de *Sonic hedgehog*, están más alejadas. Algunos genes pueden tener muchas regiones de control que influyan en su actividad, pero otros solo una. Sea cual sea su número y su ubicación en el genoma, el funcionamiento de esta máquina molecular es sin duda selecto, incluso un poco misterioso.

Los nuevos microscopios que permiten ver las propias moléculas de ADN también nos permiten ver lo que ocurre cuando los genes se activan y desactivan.

Para que un gen se active, es necesario que se produzca un juego molecular muy parecido al *Twister*. Las regiones inactivas del genoma están fuertemente enrolladas sobre sí mismas, envueltas alrededor de otras moléculas pequeñas para poder caber dentro del núcleo. Estas regiones están cerradas, por lo que son relativamente inertes. Para que una región del genoma se vuelva activa, debe desenrollarse y abrirse para formar una proteína.

Estos son solo los primeros pasos de esta danza coreografiada que activa y desactiva los genes. Para que un gen se active, su interruptor debe entrar en contacto con otras moléculas y unirse a una zona adyacente al propio gen. Estas uniones hacen que el gen produzca una proteína. En el caso del *Sonic hedgehog*, el interruptor necesita plegarse a una distancia muy larga para iniciar la actividad del gen. Así pues, he aquí todos los pasos de la danza que se produce cuando los genes se activan: el genoma se abre, revelando el gen y su región de control, las partes se unen y se fabrica una proteína. Esto ocurre en todas las células, con todas las proteínas.

Una cadena de ADN de dos metros de largo es capaz de enrollarse hasta que es más pequeña que la cabeza de un alfiler. Imagínatela, abriéndose y cerrándose en microsegundos, retorciéndose y girando para activar miles de genes cada segundo. Desde el momento de la concepción y durante toda nuestra vida adulta, nuestros genes se activan y desactivan continuamente. Comenzamos como una sola célula y, con el tiempo, se multiplica en cientos de estas, mientras se activan baterías de genes que controlan su comportamiento para formar los tejidos y órganos de nuestro cuerpo. Mientras escribo este libro, y mientras tú lo estás leyendo, nuestros genes están funcionando en los cuatro billones de nuestras células. El ADN contiene la potencia de cálculo de muchos superordenadores. Con estas instrucciones, una lista de piezas relativamente pequeña de veinte mil genes puede construir y mantener los complejos cuerpos de gusanos, moscas y humanos utilizando regiones de control repartidas por todo el genoma. Los cambios en esta máquina increíblemente compleja y dinámica son la base de la evolución de todas las criaturas de la Tierra. Siempre enrollándose, desenrollándose y plegándose, nuestro ADN es como un maestro acrobático, un director de orquesta del desarrollo y la evolución.

Esta nueva ciencia remite a los esfuerzos de Mary-Claire King por encontrar las diferencias entre las proteínas de humanos y chimpancés hace cuatro décadas. Ella y Allan Wilson previeron la importancia de los interruptores genéticos en el título de su artículo de 1975, «La evolución a dos niveles en humanos y chimpancés». Un nivel era el de los genes, el otro el de los mecanismos que controlan cuándo y dónde se activan estos genes. Las principales diferencias entre humanos y chimpancés no radican en la estructura de sus genes y proteínas, sino en los interruptores que controlan su funcionamiento durante el desarrollo. Visto así, el abismo entre criaturas de aspecto tan diferente como los humanos y los chimpancés, o los gusanos y los peces, se reduce simplemente a un nivel genético. Si una proteína es capaz de controlar el ritmo o el patrón de un proceso de desarrollo, los cambios en el momento y el lugar en que esa proteína está activa pueden tener grandes efectos en el organismo de los adultos.

Los cambios en los interruptores que controlan la actividad de los genes pueden afectar a los embriones y a la evolución de múltiples maneras. Si, por ejemplo, las proteínas que controlan el desarrollo del cerebro se activan durante más tiempo o en lugares diferentes, esto puede dar como resultado cerebros más grandes y complejos. Modificar la actividad de los genes puede dar lugar a nuevos tipos de células, tejidos y, como veremos, nuevos tipos de cuerpos.

4

HERMOSOS MONSTRUOS

Los monstruos ocupan un lugar destacado en las especulaciones sobre el funcionamiento de la naturaleza. En los siglos anteriores a Darwin, la palabra *monstruo* tenía un significado casi técnico. Los filósofos de la naturaleza y los anatomistas crearon sus taxonomías para describir cabras de dos cabezas, ranas con varias patas y gemelos unidos. En el siglo XVI, muchos pensaban que estas deformidades eran el resultado de un exceso de semen durante la concepción o de los pensamientos errantes de una mujer embarazada.

En la década de 1700 se anunció una nueva ciencia cuando el anatomista alemán Samuel Thomas von Sömmerring (1755-1830) conjeturó que los monstruos reflejaban alteraciones del desarrollo normal y no causas místicas. Eran, en sus palabras, «perturbaciones de la fuerza generativa». En la portada de su monografía sobre el tema de 1791, representó unas cabezas humanas duplicadas: niños nacidos muertos con dos cabezas completas brotando del cuello y otros con duplicaciones solo de la cara. En su opinión, cada caso representaba una alteración del desarrollo normal en diferentes etapas. Las cabezas duplicadas completas procedían de alteraciones de etapas tempranas del desarrollo, mientras que las caras incompletamente fusionadas surgían de etapas posteriores.

Unas décadas más tarde, Geoffroy Saint-Hilaire propuso que *monstres*, un término que utilizaba con frecuencia, reflejaba el potencial oculto de las criaturas para transformarse unas en otras. Tras su expedición a Egipto con Napoleón y su encuentro con los peces pulmonados (véase el Capítulo 1), Saint-Hilaire se pasaba el día intentando mutar huevos de gallina, añadiendo diversas sustancias químicas con el objetivo de cambiar su desarrollo. Creía que, si añadía la mezcla adecuada de sustancias químicas a los embriones en desarrollo, podría transformar una criatura en otra. Siguiendo la idea inicial de que los pollos pasaban por una fase de pez en su desarrollo normal, Saint-Hilaire trabajó durante décadas con el propósito de que los huevos de gallina produjeran crías de pez. El intento fracasó, pero su hijo Isidoro tomó el relevo y elaboró un tratado en tres volúmenes sobre anomalías congénitas que sigue vigente hoy en día. Isidoro elaboró una taxonomía de las anomalías congénitas, clasificándolas por tipo, órgano afectado y grado de afectación anatómica. Por ejemplo, estudió a los gemelos unidos, clasificándolos según el número de órganos afectados y el grado en que se entremezclaban sus sistemas anatómicos. Este trabajo sentó las bases para que los investigadores posteriores evaluaran los mecanismos biológicos, por oposición a las causas sobrenaturales, implicados en la producción de anomalías.

Con la publicación de *El origen de las especies*, Darwin transformó el estudio de las anomalías del desarrollo. Para Darwin, si el motor de la evolución es la selección natural, la variación entre los individuos es su combustible. Si los individuos de una especie varían al tener rasgos que se ven y funcionan de forma diferente, y algunos de esos rasgos mejoran el éxito de esos individuos en un entorno concreto, entonces con el tiempo debería haber un aumento de esas criaturas y rasgos. Si un rasgo es perjudicial, entonces disminuirá con el tiempo. La esencia de la evolución es la variación entre individuos. Si todos los individuos de una población fueran exactamente iguales, la evolución por selección natural nunca podría producirse. Las diferencias entre los individuos son la materia prima de la evolución para la selección natural; cuanta más variación, más rápido podría funcionar la evolución. Solo con una gran cantidad de variaciones, como las que revelan los monstruos, podría la selección natural producir cambios importantes a lo largo del tiempo.

Uno de los campeones del estudio de la variación después de Darwin fue William Bateson (1861-1926). Al igual que Darwin, Bateson creció fascinado por la historia natural. De joven le preguntaron qué quería ser y él contestó ser naturalista, pero que, si no era lo bastante bueno, tendría que ser médico. Bateson ingresó en la Universidad de Cambridge en 1878 como un estudiante mediocre. Sin embargo, *El origen de las especies* de Darwin tuvo un profundo impacto en el joven Bateson y empezó a interesarse por el funcionamiento de la selección natural. Para él, las respuestas pasaban por entender cómo variaban las especies: ¿cuáles eran los mecanismos que hacían que los organismos fueran diferentes entre sí? Leyendo la obra de Gregor Mendel, que descubrió los principios de la herencia en las plantas de guisantes, Bateson tuvo una epifanía: la variación que se transmitía de una generación a la siguiente era la esencia de la evolución. Tradujo el trabajo de Mendel al inglés e inventó un nuevo término para describirlo: *genetics*, derivado de la palabra griega *genesis*, que significa «origen».

Bateson, como Geoffroy Saint-Hilaire antes que él, quería clasificar las diferencias entre especies e individuos. Sin embargo, Bateson tenía una ventaja. Armado con las nuevas ideas del creciente campo de la genética, buscó las formas en que la variación entre individuos podía influir en el funcionamiento de la evolución.

Bateson dedicó casi una década a este estudio, resultando en el monumental *Materiales para el estudio de la variación* en 1894. El libro contiene una hoja de ruta de las formas en que las criaturas difieren entre sí y una búsqueda de reglas generales que subyacen a la producción de la variación y, en última instancia, al camino de la evolución. Al evaluar tantas especies, pudo describir dos modos distintos de esta variación. El primer tipo es la diferencia de tamaño o grado de los órganos, que forman una serie continua de menor a mayor. Los ratones, por ejemplo, presentan diferencias en la longitud de sus apéndices, colas u otros órganos. Este tipo de variación puede cuantificarse fácilmente mediante mediciones de longitud, anchura o volumen. El segundo tipo de variación es más dramático, ya que implica la presencia o ausencia de estructuras. La polidactilia de los gatos de Hemingway es un ejemplo. Los individuos normales tienen cinco dedos, mientras que los polidáctilos tienen seis o más. Estos gatos se diferencian de los normales en el número de dedos que tienen, no, por ejemplo, en la longitud de sus huesos. Este tipo de variación es de tipo, no de grado ni de tamaño.

La búsqueda de criaturas con órganos de más se convirtió en un pasatiempo apasionado para Bateson. Le llamaban la atención las rarezas de la naturaleza: los órganos de más u órganos en el lugar equivocado, como abejas con patas donde deberían estar las antenas, humanos con costillas de más o machos con pezones de más. En estos casos, era como si los órganos se cortaran y pegaran por todo el cuerpo. Un órgano bien formado podía duplicarse por completo o trasladarse a distintos lugares del cuerpo. Estos monstruos ocultaban un misterio y comprenderlos podría revelar reglas generales sobre cómo se construyen y evolucionan los cuerpos.

Desde el siglo XVI, los filósofos de la naturaleza tenían razón al afirmar que los monstruos reflejan algo esencial del mundo vivo. Lo que se necesitaba era el tipo adecuado de monstruo, así como las herramientas científicas para comprenderlo.

La mosca

Una de las grandes decisiones de la historia de la biología se produjo cuando Thomas Hunt Morgan (1866-1945) decidió experimentar con moscas. Morgan comenzó su carrera investigando a las bellotas de mar, gusanos y ranas, convencido de que en el interior de sus células y embriones se escondían las claves de nuestra propia biología. No los eligió de forma esotérica o al azar; se centró en pequeñas criaturas acuáticas capaces de reconstruir partes completas de su cuerpo cuando las perdían. Los gusanos planarios, por ejemplo, son campeones de la regeneración: si los cortas por la mitad y dejas que vuelvan a crecer, aparecerán dos individuos completos. Muchas criaturas —gusanos, peces y anfibios— pueden reconstruirse tras un traumatismo. Nosotros tan solo podemos sentir envidia de nuestros primos animales; en algún momento de nuestra línea evolutiva, los mamíferos perdimos esta capacidad.

Morgan hizo sus pinitos en la ciencia en una época en la que mucho de lo que hoy damos por sentado era entonces completamente desconocido. El monje checo Gregor Mendel descubrió que los rasgos pueden transmitirse de generación en generación, pero el origen de esa herencia era un misterio. La gente había observado las células, pero no se sabía que los cromosomas desempeñaban un papel importante en ese proceso, por no hablar de la existencia del ADN.

La ciencia de Morgan llevaba implícito un cambio fundamental en la forma de concebir la vida, algo en lo que se basa prácticamente toda la investigación biomédica actual: diversas criaturas, desde los gusanos hasta las estrellas de mar, pueden ofrecer ideas sobre los mecanismos generales de la biología humana. Su trabajo se rigió por el reconocimiento tácito de que todas las criaturas del planeta comparten profundas conexiones.

Tras varios años realizando experimentos sobre regeneración y de describirlos en su influyente libro *Regeneración,* publicado en 1901, Morgan se dio cuenta de que no disponía de las herramientas necesarias para lograr avances significativos. Emprendió la búsqueda de un nuevo programa de investigación. En el centro de todo, desde la regeneración hasta la anatomía, se encuentra la herencia: la transmisión de información de una generación a otra. Saber qué impulsa la herencia genética sería la clave para desvelar muchos de los misterios de la biología. Morgan estaba convencido de que los descubrimientos en genética deberían basarse en el estudio de una criatura que se reprodujera y creciera rápidamente, fuera pequeña y pudiera mantenerse en grandes cantidades en un laboratorio. De manera ideal, quería una especie cuyos cromosomas pudieran observarse al microscopio, ya que, por entonces, se creía que contenían el material genético (pero no se había demostrado que lo contuvieran). Era una lista bastante larga, que excluía a la criatura que más deseaba comprender: los humanos.

Sin que Morgan lo supiera por aquel entonces, un taxónomo de insectos tenía una misión similar, aunque desde el lado opuesto del problema. Charles W. Woodworth (1865-1940), de la Universidad de California en Berkeley, se dedicó toda su vida a descubrir los arcanos detalles de la anatomía de los insectos, con la vista puesta en la clasificación de las moscas y otros insectos. Esta búsqueda le convirtió en un experto en la biología de las moscas hasta el punto de que vio en una especie, la mosca de la fruta, *Drosophila melanogaster,* un posible modelo experimental. En algún momento de principios del siglo XX (se desconoce el año exacto), se puso en contacto con William E. Castle (1867-1962), biólogo de Harvard, y le sugirió que probara algunos experimentos con moscas de la fruta.

Al igual que Bateson, Castle estaba interesado en descubrir los mecanismos de la herencia y la variación. Por aquel entonces, Castle trabajaba con cobayas para entender cómo el color de su pelaje y los patrones de su cuerpo se transmitían de generación en generación. Sin embargo, las hembras parían ocho crías como máximo y tardaban casi dos meses en gestarse, así que, para estudiarlas, Castle tenía que esperar meses a que se reprodujeran lo suficiente como para hacer varias generaciones. La sugerencia de Woodworth de trabajar con moscas tenía un atractivo evidente; la mosca de la fruta media vive entre cuarenta y cincuenta días, tiempo durante el cual una hembra puede producir miles de embriones. Castle se dio cuenta de que podía hacer más experimentos sobre la herencia en un mes con moscas que en varios años con cobayas.

Castle pasó a trabajar con las moscas y usó métodos establecidos para criarlas. En 1903, publicó un artículo sobre experimentos con moscas que no es tan memorable por sus resultados científicos como por su impacto en la comunidad. Otros científicos, entre ellos Morgan, vieron la belleza y el poder del estudio de las moscas.

La Drosophila parece en un principio un candidato poco probable para revelar un descubrimiento revolucionario. Mide unos tres milímetros y vive de la fruta en descomposición. La mayoría de nosotros las encontramos en la basura como pequeñas moscas que no pican y que molestan al revolotear a nuestro alrededor. Sin embargo, mientras que para nosotros son una plaga, para la ciencia de aquel entonces eran una fuente prometedora.

El trabajo de Morgan seguía la tradición de los monstruos, lo que significaba encontrar y analizar mutaciones. Las mutaciones son claves para el funcionamiento de los genes normales. Un mutante sin ojos refleja un defecto en uno o varios genes que controlan la formación de los ojos. De este modo, los mutantes son los que pueden utilizarse para identificar los genes implicados en el desarrollo de distintos órganos. Como los mutantes son una excepción, Morgan necesitaba criar miles de moscas para encontrar un solo mutante. Él y su equipo mantuvieron cientos de colonias de cría de moscas y pusieron a cada individuo bajo el microscopio para buscar cualquier anomalía.

Aunque para la mayoría de nosotros puede resultar un terreno desconocido, el cuerpo de la mosca que emerge bajo el microscopio es tan complejo como bello. Visto a media potencia, todo un mundo de cerdas, espinas y apéndices emerge de sus segmentos corporales. El equipo de Morgan se familiarizó con esta complejidad, de modo que cualquier cambio, por pequeño que fuera, les servía para analizar nuevos mutaciones. Pasaban largas horas inclinados sobre los microscopios, buscando moscas con algún rasgo extraño, tal vez alas de forma diferente, patrones de rayas novedosos o un apéndice alterado.

Los genes, como ahora sabemos, son secuencias de ADN que se agrupan estrechamente para formar cromosomas. Los cromosomas se encuentran en el núcleo de la célula y, en las condiciones adecuadas, son visibles al microscopio. Morgan no sabía nada del ADN, pero podía ver los cromosomas. Se convirtieron, así pues, en su ventana a los genes.

Morgan ideó unos ingeniosos métodos para intentar relacionar la anatomía de los mutantes con su material genético. Su equipo descubrió que las moscas poseen unos enormes cromosomas dentro de sus glándulas salivales. Al extraerlos y tratarlos con un tinte rojo a partir de un liquen silvestre, revelaron una serie de rayas blancas y negras en el cromosoma, algunas gruesas y otras finas. Morgan trazó entonces un mapa de los patrones de las bandas blancas y negras tanto en las moscas normales como en las que presentaban mutaciones.

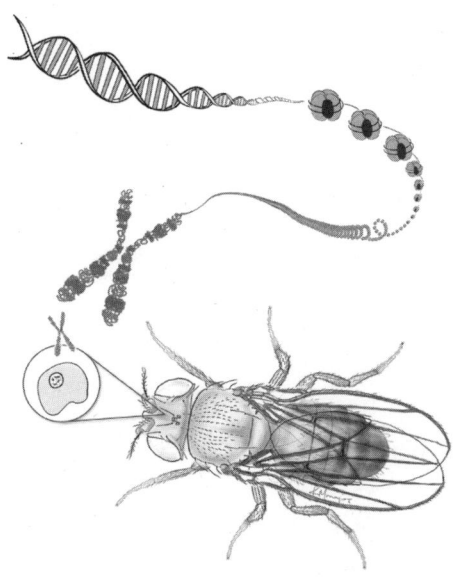

Los genes son segmentos de ADN que se enrollan
y empaquetan muy apretados en cromosomas que
yacen dentro del núcleo de una célula. Se puede
observar el anillado de los cromosomas.

Al comparar las diferencias en estas bandas, pudo ver el lugar
del cromosoma en el que ambas diferían, de forma que podía
ver en esencia donde residía el cambio genético que provocó
la mutación.

Las moscas se alimentaban de plátanos podridos, por lo que
el laboratorio Morgan estaba impregnado del olor a basura.
Trabajar allí significaba pasar horas mirando al microscopio.
Debido a estas condiciones, el trabajo del grupo de Morgan
requería un tipo especial de científico: alguien que pudiera, a
pesar de todo, permanecer concentrado en los cuerpos de las
moscas, las bandas cromosómicas y las mutaciones. Estaba en
juego una de las cuestiones más importantes de la vida: ¿cómo
se transmite la información de una generación a otra?

Al principio, el laboratorio de Morgan se encontraba en
un espacio reducido de la Universidad de Columbia, donde
se almacenaban, criaban y analizaban al microscopio miles

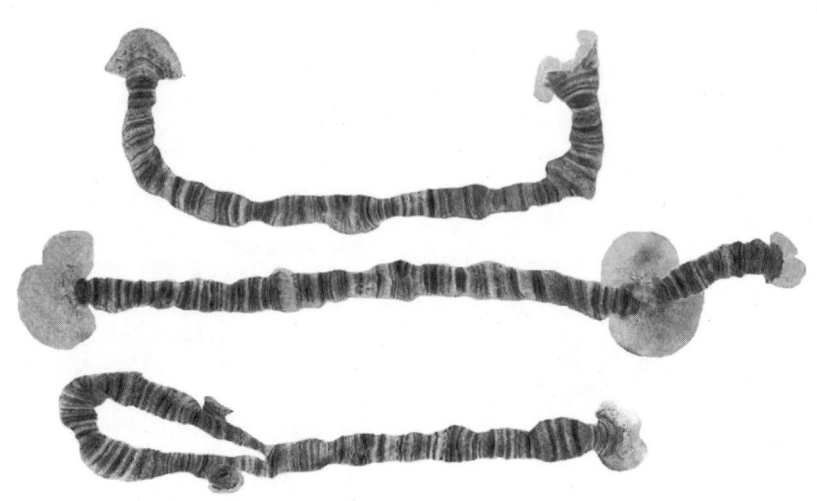

Cromosomas del insecto *Chieronomus prope pulcher*,
con rayas blancas y negras.

de poblaciones de moscas. Conocido como la «habitación de las moscas», el laboratorio acogió a un «quién es quién» de los biólogos de principios del siglo XX, ya que Morgan atrajo a su laboratorio a algunos de los mejores y más brillantes de su época. Tras pasar catorce años en Columbia, en 1928 trasladó todas sus actividades a Caltech, donde obtuvo el Premio Nobel en 1933.

Uno de los primeros alumnos de Morgan poseía una habilidad innata para trabajar con moscas. Calvin Bridges (1889-1938) no solo tenía una vista de lince para discernir moscas mutantes, sino también la paciencia para sentarse durante horas a buscarlas. Bridges discernía las pequeñas diferencias entre las moscas que eran invisibles para los demás. También aportó muchos avances técnicos: el cambio a un microscopio binocular amplió el alcance de su visión y le permitió descubrir que las moscas podían alimentarse de agar. Esto último supuso un cambio importante para el laboratorio, ya que la habitación de las moscas ya no tendría que oler más a plátanos podridos.

Con una melena erecta que parecía desafiar las leyes de la física, Bridges era un alma inquieta. Cuando no estaba trabajando largas horas en el laboratorio, solía desaparecer durante largos periodos de tiempo. Una vez apareció con las fotos de un nuevo automóvil que había diseñado. Abundaban los rumores sobre sus aventuras amorosas y Morgan desaprobaba su vida privada. El rumor sobre sus aventuras hizo que Bridges nunca fuera ascendido a un puesto docente en Caltech. Cuando murió a los cuarenta años, en el laboratorio se dijo que había sido asesinado por el esposo de una amante celosa. Por desgracia, la verdad fue igual de trágica. Hace poco, un genetista colega mío pidió a su hermano, fiscal de Los Ángeles, que desenterrara el certificado de defunción de Bridges. Al parecer, Bridges murió por complicaciones de la sífilis.

De cara al exterior, el laboratorio mantuvo un silencio absoluto sobre el comportamiento personal de Bridges. Sin embargo, había influido tanto en el trabajo de Morgan que este

Calvin Bridges y su pelo.

121

compartió su Premio Nobel con la familia de Bridges tras su prematura muerte.

Aunque Bridges era conocido por descubrir las moscas mutantes que presentaban sutiles diferencias en la coloración, la forma de las alas o el patrón de las cerdas, uno de sus descubrimientos más famosos fue relativamente fácil de detectar. Su diferencia habría sido difícil de pasar por alto incluso para un aficionado. Su nombre, *Bithorax*, lo dice todo: en lugar de dos segmentos torácicos y alas, tenía cuatro. Toda una región de su cuerpo estaba duplicada, con alas y todo.

Bridges dibujó el cuerpo de la mosca y describió su anatomía. Luego hizo lo que hacen los genetistas cuando encuentran un mutante: criar la cepa y mantenerla en el laboratorio de moscas de Caltech. Hizo una colonia de estos mutantes que podía mantenerse de manera indefinida.

Bridges quería encontrar el lugar del cromosoma donde podría haberse producido el cambio. Utilizando la técnica de Morgan para teñir los cromosomas salivales, pudo localizar una región en el mutante de doble ala donde el bandeado era diferente al de las moscas normales. El mutante *Bithorax*

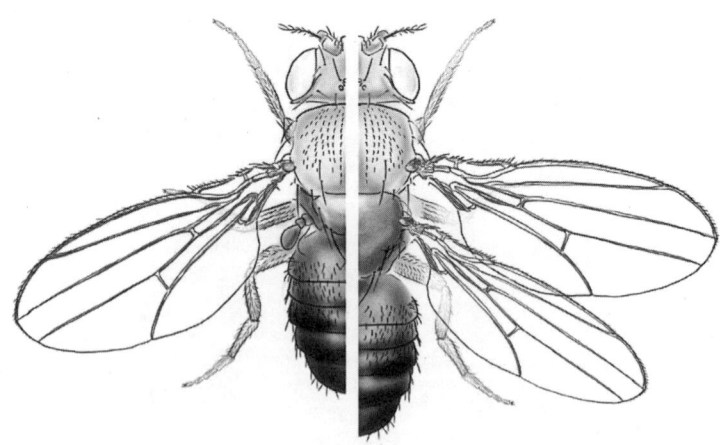

Mosca de la fruta normal a la izquierda, el mutante Bithorax a la derecha.

se había producido por un cambio en una amplia región del cromosoma de la mosca.

La búsqueda de Morgan y Bridges para comprender un único rasgo en las moscas abrió un nuevo mundo de retos y oportunidades. Ellos y otros demostraron que varios rasgos de las moscas son hereditarios. Existe un tipo de material biológico que se transmite de generación en generación y que indica al embrión en desarrollo de una mosca que coloque las alas en la parte correcta del cuerpo. La mosca mutante de Bridges reveló que este material residía a lo largo de un tramo de los cromosomas de la mosca. Pero ¿qué era este material que es capaz de construir órganos y cuerpos, y en qué consiste su magia? ¿Podría revelarnos cómo se construyen los cuerpos y cómo evolucionaron a lo largo de millones de años?

Como cuentas de un collar

La pasión de Edward Lewis (1918-2004) por las moscas empezó al ver un anuncio en una revista. Nacido en Wilkes-Barre (Pensilvania) su curiosidad innata le llevaba a pasar largas horas en la biblioteca local. Al ver un anuncio de moscas de la fruta, llamó la atención del club de biología de su instituto. El club creó toda una colonia de moscas y Lewis empezó a jugar con ellas.

Lewis ingresó en Caltech en 1939, un año después de la muerte de Bridges, para aprender todas las herramientas de la genética que se habían utilizado en la habitación de las moscas. Era un hombre tranquilo con un ritmo diurno muy rígido: iba muy temprano al laboratorio, hacía ejercicio a las ocho de la mañana, trabajaba unas horas más en solitario, almorzaba por la tarde en el famoso club de la facultad de Caltech, el Athenaeum, y luego volvía al trabajo y tocaba la flauta hasta la cena. Tenía, como Bridges, una capacidad prodigiosa para

Ed Lewis con su flauta en el salón de un amigo.

pasar largas horas sentado ante un microscopio trabajando con moscas. Su momento favorito, según todos los indicios, era la tranquilidad del laboratorio después de cenar. El trabajo de Lewis buscando y criando moscas mutantes era para él una forma de meditación.

El almacén donde Bridges realizó sus grandes avances técnicos seguía funcionando y albergaba a la colonia de los famosos mutantes *Bithorax*. Cuando Lewis comenzó sus estudios, ya conocía el mutante *Bithorax* y también tenía una corazonada sobre su estructura. Como el mapa de Bridges mostraba que el mutante *Bithorax* abarcaba varias bandas del cromosoma, Lewis pensó que podría formar parte de una región que contuviera no uno, sino muchos genes implicados en el desarrollo.

Para aislar el material genético del ala adicional, Lewis ideó un método novedoso, pero muy laborioso, para investigar el *Bithorax*. Dedicó décadas a este trabajo, sin publicar un solo artículo científico durante más de diez años mientras se dedicaba al *Bithorax*. El artículo de seis páginas que apareció finalmente en 1978 era tan revolucionario como impenetrable. Para entenderlo, había que leerlo varias veces, pues estaba repleto de ideas derivadas de años de una vida tranquila trabajando con las moscas.

Lewis había desarrollado una nueva y poderosa técnica: eliminaba una amplia zona del cromosoma de la mosca y dejaba que esta se desarrollara para ver el efecto en el cuerpo de las moscas que carecían de esta gran región. A continuación, volvía a añadir pequeños fragmentos de forma secuencial para ver esos efectos en el cuerpo. Este método le permitió determinar lo que pueden hacer los fragmentos individuales de un cromosoma de forma aislada.

Este enfoque me recuerda a una dieta que se populariza cada cierto tiempo, llamada limpieza. La gente ayuna durante varios días y luego va añadiendo diferentes grupos de alimentos combinados a su dieta poco a poco. Si te abstienes por completo de comer y añades solo productos lácteos durante unos días, puedes comprobar cómo afectan los huevos, la leche y el queso a tus niveles de energía y tu estado de ánimo, por ejemplo. Luego, si ayunas y vas añadiendo los alimentos en diferentes combinaciones, puedes ver las interacciones, por ejemplo, entre las verduras de hoja oscura y los lácteos. Lewis estaba haciendo lo mismo con la gran región del cromosoma que contenía el mutante *Bithorax*: la extraía por completo, dejaba que los animales se desarrollaran para registrar el efecto y luego volvía a añadir trozos de forma aislada y en diferentes combinaciones en otros embriones, con el propósito de observar su impacto en los cuerpos de las moscas a medida que se convertían en adultos.

El corta y pega genético de Lewis reveló que el *Bithorax* no estaba causado por un único gen, sino por un grupo de muchos de ellos. Los genes estaban dispuestos en fila en el cromosoma, como las perlas de un collar. Estos genes, supuso, trabajaban juntos para construir el embrión y cada gen tenía su propia función. Pero eso no era lo más sorprendente.

El cuerpo de una mosca se compone de segmentos de delante hacia atrás: cabeza, tórax y abdomen. Cada segmento lleva un apéndice: las antenas y piezas bucales se encuentran en la cabeza, las alas en el tórax y las patas y la columna en el abdomen. Lewis descubrió que cada gen de la región del *Bithorax* controlaba un segmento diferente del cuerpo de la mosca. Un gen situaba las antenas en la cabeza, otro las alas en el tórax y otro las patas en el abdomen. Estos genes desempeñaban un papel en la construcción de la arquitectura básica del cuerpo. La organización del cuerpo de adelante hacia atrás estaba codificada genéticamente. Y, para gran sorpresa de todos, la estructura del cuerpo se reflejaba en la posición de los genes en el cromosoma: los genes activos en la cabeza estaban en un extremo, los del abdomen en el otro y los del tórax en el centro. La organización del cuerpo estaba reflejado en la actividad y la estructura de los genes.

Aunque el hallazgo de Lewis fue asombroso, muchos conocimientos biológicos sugerían que esta organización fuese exclusiva de las moscas. En primer lugar, los segmentos de las moscas son diferentes de los de otros animales, como los peces, los ratones y los seres humanos. Las moscas carecen de columna vertebral, médula espinal y otras estructuras propias de cuerpos como el nuestro. Los peces, los ratones y las personas carecen de antenas, alas y cerdas.

Una diferencia aún mayor radica en cómo se desarrolla la mosca. Durante el desarrollo, la mayoría de los animales tienen millones de células diferentes, cada una con su propio núcleo. El embrión de una mosca parece una sola célula con muchos núcleos, como una bolsa gigante de material genético. Es una locura pensar que un animal más extraño que la mosca pueda decirnos algo sobre cómo se desarrollan y evolucionan los animales en general.

El puré de monstruos

En 1978, cuando se publicó el artículo de Lewis sobre el *Bithorax,* el campo de la biología estaba experimentando una revolución tecnológica. En la época de Morgan, los genes eran una especie de caja negra: él y su equipo eran capaces de descifrar su efecto en el organismo y su posición en el cromosoma, pero no se sabía prácticamente nada de su funcionamiento, por no hablar de que ni siquiera sabían que eran regiones de ADN.

En la década de 1980, unos años después de que Lewis publicara su artículo, los biólogos ya podían secuenciar genes y ver dónde fabricaban proteínas de forma activa en el organismo. Mike Levine y Bill McGinnis, que trabajaban en el laboratorio del difunto Walter Gehring (1939-2014) en Suiza, tuvieron acceso a una mosca mutante en la que una pata brotaba de la cabeza, donde normalmente estaría la antena. La cabeza se desarrolló con normalidad, salvo por la presencia de la pata. Al igual que la mosca mutante de Bridges con las alas extra, o las variaciones de corta y pega de Bateson, en este mutante las partes del cuerpo se habían hecho un lío y tenía un defecto específico del segmento de la cabeza.

Utilizando una tecnología del ADN que Bridges no podía ni imaginar, Levine y McGinnis consiguieron aislar el gen responsable de la mutación. A continuación, fabricaron un fragmento especial de ADN para comprobar dónde estaba activo el gen durante el desarrollo. Recordemos que cuando los genes están activos, fabrican proteínas. Para fabricarlas, utilizan otra molécula, el ARN, como intermediario. Para comprobar dónde se activan los genes, hay que ver dónde se fabrica el ARN. Así que ambos añadieron un colorante a una molécula que encontraría el ARN en cualquier parte del cuerpo de la mosca. Cuando se inyectaba este brebaje en un embrión de mosca en desarrollo, el tinte llegaba a los lugares donde se activaba el gen y la mancha era visible en el embrión al microscopio.

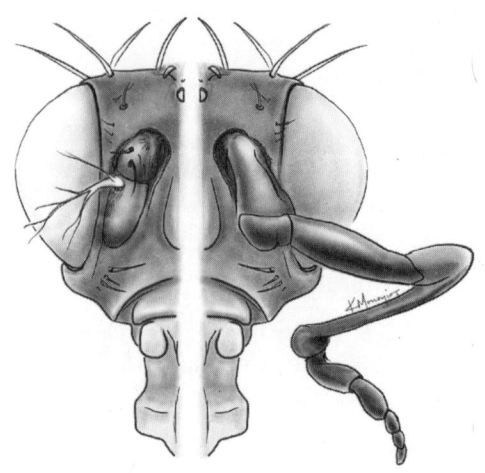

Mosca normal a la izquierda, mutante a la derecha.
La llamaron *Antennapedia* porque tenía una pata
donde debería haber una antena.

El gen del mutante *Antennapedia*, la mosca a la que le salía una pata de la cabeza, estaba activo en un lugar muy concreto: la cabeza. Además, el gen controlaba el tipo de órgano que se formaba en la cabeza, ya fuera una antena o, como en el mutante, una pata. Si esta situación les resulta familiar, es porque es lo que Ed Lewis vio en su trabajo cromosómico sobre el *Bithorax* años antes. Recordemos que vio una serie de genes, uno tras otro en el cromosoma, cada uno específico de un segmento corporal, cada uno controlando qué órgano se desarrollaba allí. Quizá este gen de la cabeza fuera un presagio de los descubrimientos futuros, uno de un grupo de genes que controlaban lo que ocurría en cada uno de los segmentos corporales de la mosca.

El resultado provocó que Levine revisara el artículo de Lewis de 1978. Leyó y leyó el artículo más de cincuenta veces, pero, aun así, como él mismo dijo, «no lo entendía del todo».

El trabajo de Lewis llevó a Levine y McGinnis a experimentar con uno de sus principales presentimientos: que debería haber una cadena de genes similares uno junto a otro en el cromosoma. Una vez aislado el gen, iniciaron una búsqueda para distinguir si había otros genes similares próximos. La técnica era rudimentaria: machacaban los cuerpos de las mosca hasta formar una pasta, aislaron su ADN, pusieron la mezcla en un gel y añadieron su gen con un colorante. La idea era que el gen actuara como un papel matamoscas molecular y se adhiriera a todos los genes con una secuencia similar. El colorante les permitiría encontrar y aislar esos genes.

El resultado fue inequívoco, ya que había muchos otros genes como este en el genoma. Al secuenciar cada uno de ellos, Levine y McGinnis descubrieron que todos los genes teñidos tenían en su interior un pequeño tramo de ADN prácticamente idéntico. En una sorprendente coincidencia, Matt Scott, de la Universidad de Indiana, hizo el mismo descubrimiento de forma independiente.

Ahora, conociendo la secuencia de los genes, los científicos podían aplicar las mismas técnicas a mayor escala para ver dónde estaban activos en el cuerpo de la mosca durante el desarrollo y dónde residían en el cromosoma. Utilizando los trucos que habían desplegado en el mutante que lo empezó todo, investigadores de todo el mundo descubrieron algo inesperadamente bello: estos genes se encuentran uno al lado del otro en el cromosoma y cada uno está activo en un segmento corporal diferente de la mosca.

En medio de este frenesí de experimentos, Levine entabló una conversación con un científico de otro laboratorio que le señaló que las moscas no son los únicos animales que tienen segmentos corporales. Las lombrices de tierra son básicamente tubos con segmentos en forma de bloque que recorren todo el cuerpo. ¿Por qué no fijarse también en ellas? Quizá sus genes también marcaban sus segmentos.

Este comentario casual hizo que Levine y McGinnis corrieran al jardín de detrás de su edificio para recoger todas las criaturas espeluznantes que pudieran encontrar: gusanos, insectos

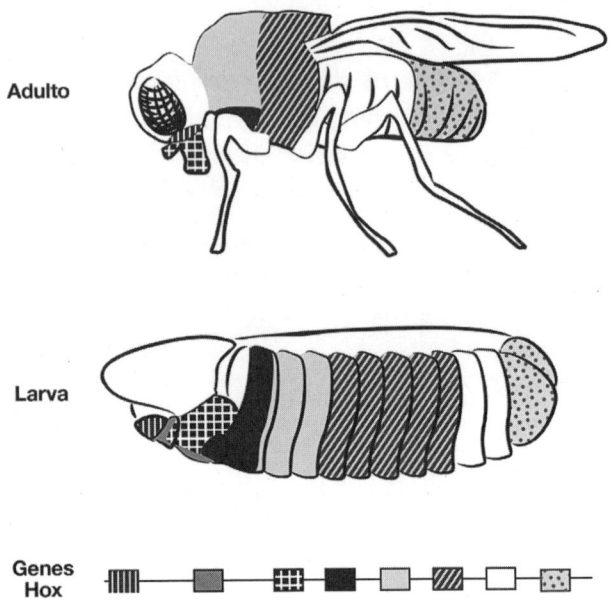

Adulto

Larva

Genes Hox

Los genes Hox, colocados como cuentas de un collar, están
activos en los segmentos corporales de moscas y ratones.

y moscas. Después de extraer el ADN de cada criatura, com-
probaron si en ellas también se encontraban los genes en una
secuencia similar… y los tenían. Sin embargo, no se detuvie-
ron ahí. Las investigaciones que se realizaron de forma posterior revelaron que el ADN de ranas, ratones e incluso personas
también poseía esta secuencia.

Los trabajos posteriores en gusanos, moscas, peces y ratones
revelaron unas verdades universales sobre los cuerpos animales. Las versiones de los genes constructores del cuerpo de las
moscas aparecían prácticamente en todas partes, desde los gusanos hasta las personas. Todos estos genes estaban colocados
en el cromosoma como cuentas de un collar. Y cada gen parecía estar activo en un segmento específico del cuerpo: cabeza,
tórax y abdomen. Además, como vio Lewis por primera vez, la
posición de cada gen en el cromosoma coincidía con el orden
de los segmentos de delante hacia atrás.

Los artículos que describían estos genes estaban en la pila de investigación que usé para empezar mi propio trabajo en genética y biología molecular hace casi cuatro décadas.

En 1995, el comité del Premio Nobel le concedió el premio a Edward Lewis por abrir un nuevo mundo de la biología. Al aceptar el premio, se mostró circunspecto. En su discurso de aceptación, dijo que los premios no eran nada comparados con sus primeros amores, «las moscas y hacer ciencia».

El mundo de los bichos, las moscas y los gusanos es un amasijo de criaturas con distintos números de segmentos y diferentes tipos de apéndices que salen de ellos. Piensa ahora en una langosta con sus antenas delante, seguidas de las pinzas grandes, las pinzas pequeñas y sus patas. Cada uno de estos apéndices emerge de un único segmento de su cuerpo. En los ciempiés, cada segmento del cuerpo tiene una pata idéntica que emerge de él. Los insectos voladores tienen alas en lugar de patas en algunos segmentos. Las personas tienen vértebras, costillas y extremidades que se extienden a lo largo del cuerpo. Con estos genes, los científicos pueden ahora preguntarse cómo se desarrolló y evolucionó la arquitectura corporal básica de los animales.

Calvin Bridges identificó la región cromosómica general que producía un juego extra de alas; Ed Lewis reveló que la región contenía muchos genes, cada uno activo en una parte específica del cuerpo; y Levine, McGinnis y Scott demostraron que esos genes son profundamente antiguos entre todos los animales. Una nueva generación se sentía ahora inspirada y preparada para comprender cómo funcionaban esos genes.

Corta y pega

Cuando mis hijos eran pequeños, en la playa de Cape Cod, solían encontrar animalitos con forma de gamba en la arena.

Al pincharlos y ver cómo reaccionaban, los apodaban «saltarines». Estas criaturas, más conocidas como pulgas de mar o arena, miden alrededor de medio centímetro, tienen el cuerpo transparente y suelen vivir sobre la arena de la playa. Cuando se les provoca, pueden contraer el cuerpo y saltar unos treinta centímetros en el aire. La variante playera es solo una de las ocho mil especies conocidas. Todas estas especies tienen una notable capacidad para desplazarse mediante una amplia gama de comportamientos para nadar, excavar y saltar. Para ello utilizan una especie de navaja suiza de patas: algunas son grandes, otras pequeñas, algunas están orientadas hacia delante y otras hacia atrás. Su nombre, anfípodo, es una referencia griega a sus patas orientadas hacia delante y hacia atrás: *amphi* significa «doble» y *pod*, «pata».

El biólogo Nipam Patel, que en 1995 fundó su propio laboratorio independiente en Chicago, quería encontrar el animal perfecto para estudiar cómo actúan los genes en la construcción del cuerpo. Como los anfípodos tienen tantos tipos diferentes de patas, tuvo la corazonada de que podrían ser una criatura excelente para estudiar los genes de Lewis. Pasó años buscando en las monografías alemanas del siglo xix el anfípodo perfecto para llevarlo al laboratorio. El siglo xix fue la cúspide de la ilustración y la descripción anatómicas, y en las bibliotecas hay salas enteras dedicadas a los distintos grupos. Armado con las descripciones y las láminas litográficas, Patel elaboró un plan que también encajaba perfectamente en su antigua afición. En la casa de Patel en Chicago había un gigantesco acuario de agua salada en el centro de su salón. Como era un acuarista aficionado, su experiencia con el sistema de filtración de su propio acuario casero le dio una idea. Mantener limpio el sistema era un problema habitual, sobre todo, mantener el filtro limpio de los pequeños invertebrados que se acumulaban y crecían en él. No pudo evitar darse cuenta de que entre la suciedad había pequeños invertebrados excavando en la mugre.

Al parecer, les encantaban las partículas nutritivas que fluían por allí y se asentaban en ese lugar como su hogar feliz.

A Patel se le ocurrió una idea. Si a esas criaturas diminutas les gustaba su pequeño sistema de filtración, imaginemos la diversidad de criaturas que podría encontrar en el lodo filtrado de los enormes tanques de agua salada del acuario Shedd de Chicago. Estos tanques albergaban tiburones, rayas, más de cincuenta especies de peces grandes e incluso, de vez en cuando, algún docente humano con un equipo de submarinismo. Patel envió a un estudiante de posgrado con un cubo para ver qué podía encontrar en el sistema de filtración. Tenía la corazonada de que la suciedad albergaría pequeños animales muy resistentes que podría utilizar en el laboratorio.

Los filtros del Shedd resultaron ser un edén para estos pequeños invertebrados. El estudiante de Patel se pasaba los días raspando los filtros, observando al microscopio las criaturas que allí vivían.

Uno de ellos —un anfípodo conocido como *Parhyale*— era una especie muy prometedora para la investigación. Era pequeño, se reproducía rápidamente y alcanzaba la edad adulta con rapidez. También poseía muchos apéndices y muy variados. Parecía el animal de experimentación perfecto. Patel empezó a criar en el laboratorio y puso en marcha sus experimentos. Mientras que Morgan había utilizado moscas para comprender los mecanismos de la herencia, Patel estaba decidido a utilizar sus anfípodos para descubrir cómo los genes construyen los cuerpos.

Poco después de descubrir al *Parhyale* del Shedd de Chicago, Patel se trasladó a la Universidad de California en Berkeley para establecer un programa de investigación centrado en sus criaturas. Berkeley, Patel y *Parhyale* resultaron ser una combinación perfecta porque en Berkeley estaba Jennifer Doudna, una de las científicas que descubrió una nueva forma de editar el genoma, el CRISPR-Cas. Con esta técnica, los científicos podían atacar las regiones del genoma con dos tipos de herramientas: un bisturí molecular para cortar el ADN y una guía para llevar el bisturí al lugar correcto. En 2013, Doudna y sus colegas de todo el mundo demostraron que el ADN de distintas especies podía cortarse y editarse con gran precisión. Su bisturí CRISPR podría utilizarse para cortar genes del genoma. La cría de embriones permitiría a los científicos ver los efectos de la eliminación de uno de sus genes. Otros experimentos más complicados consistían en sustituir o editar la secuencia de los genes.

El poder de esta tecnología provocó que Patel tuviera otra idea: ¿Y si se pudieran editar los genes del *Parhyale* para que la actividad genética de un segmento corporal se pareciera a la de otro? ¿Podría mover miembros y partes del cuerpo?

El *Parhyale* tiene varias extremidades a lo largo del cuerpo, y cada segmento del cuerpo contiene un apéndice diferente. Los segmentos delanteros de la cabeza tienen antenas y van seguidos de segmentos que contienen las piezas de su mandíbula (llamamos extremidades a las mandíbulas y maxilares de los invertebrados porque, como apéndices, se extienden desde un segmento del cuerpo). El tórax contiene los miembros más grandes, algunos orientados hacia delante y otros hacia atrás. Del abdomen también salen algunas extremidades diminutas; las más tupidas se encuentran en los segmentos abdominales delanteros y las más cortas y rechonchas en los traseros.

Seis de los genes de Lewis están activos durante el desarrollo del eje corporal del *Parhyale*. Como en las moscas, los distintos segmentos corporales pueden identificarse por los tipos de extremidades que se desarrollan en ellos, de forma que determinan cuáles de los genes están activos en el segmento durante el desarrollo. ¿Qué pasaría si se pudiera cambiar el patrón de actividad de los genes en los segmentos, por ejemplo, hacer que el segmento del tórax tuviera los genes del abdomen activos en su interior? ¿Cambiaría eso el tipo de extremidades que surgen del segmento? Patel desactivó los genes uno a uno, utilizando la técnica de edición genética desarrollada por su colega de Berkeley.

La elegancia de los experimentos de Patel emerge en los detalles. Tres de los genes de Lewis, llamados Ubx, *abd-A* y *Abd-B*, están activos en el extremo posterior del *Parhyale* durante el desarrollo. Su actividad en el cuerpo marca cuatro regiones: una en la cabeza, donde solo *Ubx* está activo, seguida de otra donde tanto *Ubx* como *abd-A* están activos, una con *abd-A* y *Abd-B* activos, y otra donde solo *Abd-B* está activo. Se podría pensar que cada una de estas cuatro regiones tiene una dirección genética definida por los genes que están activos en su interior. Resulta que el patrón de la actividad génica se corresponde con el tipo de apéndice que se forma. Cuando el gen *Ubx* está activado,

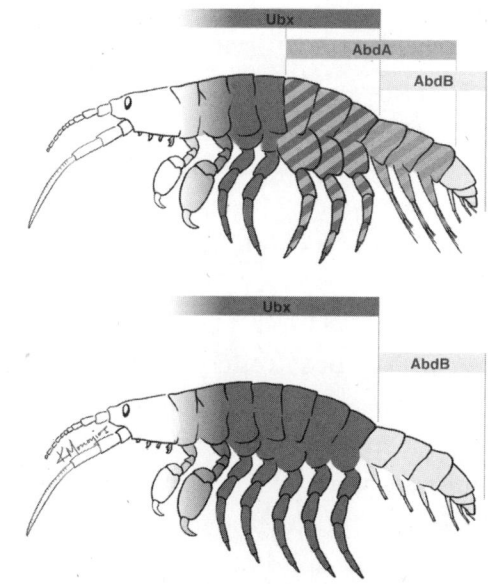

Patrón regular de actividad de los genes (arriba, zonas sombreadas). La supresión de genes para cambiar los patrones de actividad en los segmentos (abajo) modifica los tipos de extremidades que se desarrollan en su interior.

se forma una extremidad orientada hacia atrás; el segmento combinado *Ubx/abd-A* produce una extremidad orientada hacia delante, el *abd-A/Abd-B* una extremidad tupida y los segmentos *Abd-B*, una extremidad rechoncha.

El plan de Patel consistía en eliminar los genes para cambiar las direcciones de los distintos segmentos corporales. ¿Qué ocurriría cuando se cambia el patrón de actividad de cada segmento corporal?

Cuando Patel eliminó el gen *abd-A*, las partes del cuerpo que antes tenían una dirección *Ubx/abd-A* ahora solo tenían *Ubx*. La parte que había tenido una dirección *abd-A/Abd-B* ahora solo tenía una dirección *Abd-B*.

Con el cambio de direcciones, surgió un hermoso monstruo experimental: una criatura con extremidades orientadas hacia atrás donde deberían haber estado las orientadas hacia delante y extremidades rechonchas donde normalmente estarían las tupidas. El cambio de los patrones de actividad genética en los segmentos corporales podía modificar el apéndice que se formaba en cada segmento.

Patel descubrió que podía cambiar las direcciones genéticas y mover los apéndices por el cuerpo a voluntad. Con ello no solo creaba monstruos, sino que imitaba la diversidad de la vida en la naturaleza.

Compara por un momento los anfípodos con sus primos los isópodos. La mayoría de nosotros conocemos a los isópodos por una de sus especies más comunes: la cochinilla. Como su nombre indica, solo tienen patas orientadas hacia delante, a diferencia de los anfípodos, que tienen patas delanteras y traseras. Cuando Patel suprimió el *abd-A* gen en el anfípodo, creó unas criaturas parecidas a los isópodos, que solo tenían extremidades hacia delante. De algún modo había copiado a la naturaleza: los isópodos carecen de *abd-A* en su desarrollo normal.

Los cambios en estos genes explican las diferencias entre criaturas tan distintas como las langostas y los ciempiés. La combinación de los genes activos donde se fabrica la gran pinza de una langosta es distinta de la que fabrica una pata. Y en criaturas como los ciempiés, donde cada segmento tiene el mismo tipo de pata, hay genes similares activos en cada segmento del cuerpo. En los insectos, gusanos y moscas, estos genes forman una guía de instrucciones para el cuerpo.

El monstruo interior

El *Parhyale*, las langostas y las moscas son solo el principio de la historia. Las ranas, los ratones y los humanos también tienen sus propias versiones de estos genes, y con nombres diferentes en el caso de los humanos y otros mamíferos. En lugar de nombres como *abd-A*, *Abd-B* y otros, se denominan genes *Hox*, seguidos de un número, como *Hox1*, *Hox2*, etcétera. Además, mientras que las moscas, los gusanos y los insectos tienen una sola cadena de estos genes en un cromosoma, nosotros tenemos cuatro conjuntos de estas cadenas en cuatro cromosomas diferentes.

Estos genes están activos a lo largo del eje del cuerpo de los ratones y los humanos y, al igual que las moscas y el *Parhyale*, están activos en diferentes segmentos corporales. De nuestros segmentos corporales no brotan alas ni patas que miran en todas direcciones, sino que los nuestros tienen vértebras y costillas. A pesar de estas diferencias, la pregunta es: ¿nuestro desarrollo funciona de la misma manera que lo hace en *Parhyale* y en las moscas? Si cambiáramos la actividad de los genes del desarrollo, ¿podríamos crear mutantes con más o menos costillas y vértebras?

La columna vertebral de los mamíferos sigue una fórmula que rara vez cambia: siete vértebras cervicales, seguidas de doce vértebras torácicas, cada una con una costilla, y luego cinco vértebras lumbares. A este conjunto le siguen el sacro y la cola, que en los humanos se conserva como un conjunto de pequeñas vértebras fusionadas llamado cóccix.

Al igual que en las moscas y en los *Parhyale*, nuestros distintos segmentos corporales tienen diferentes direcciones de actividad génica. Por ejemplo, una combinación de genes similares a los de *Bithorax* marca nuestra región cervical, otra la torácica. Del mismo modo, los límites entre las regiones torácica y lumbar y entre las vértebras lumbares y sacras están marcados por los diferentes genes activos en su interior.

¿Qué ocurre cuando se cambia una dirección genética por otra? Crear mutaciones en ratones es mucho más difícil que hacerlas en moscas o en *Parhyale*. Puede llevar años, en gran parte, porque el tiempo de generación es mayor y hay más genes que mutar. Sin embargo, los resultados merecen la espera.

Tomemos la situación de las vértebras lumbares y sacras. La región que se convierte en las vértebras lumbares proviene de un gen activo conocido como *Hox10*. Le sigue la región sacra, que contiene la dirección genética de dos genes, *Hox10* y *Hox11*. En un mutante en el que se eliminan los genes *Hox11*, los segmentos que normalmente formarían el sacro tienen la dirección genética lumbar. ¿Qué ocurre con los segmentos corporales? El resultado final es un ratón cuyo el sacro se ha transformado en vértebras lumbares.

Otros experimentos demuestran que este patrón puede repetirse con diferentes genes y partes del cuerpo. Las vértebras torácicas son las que soportan las costillas. Mediante la eliminación de los genes, toda la parte posterior de la columna vertebral puede recibir la dirección genética de las vértebras torácicas. El resultado: ratones con costillas que se extienden hasta la cola. Como hizo Patel con el *Parhyale, la* modificación de los genes cambia los segmentos corporales y los órganos que se desarrollan en su interior.

Podríamos llamar monstruos a los productos de estos experimentos, pero eso ocultaría la belleza con la que revelan los

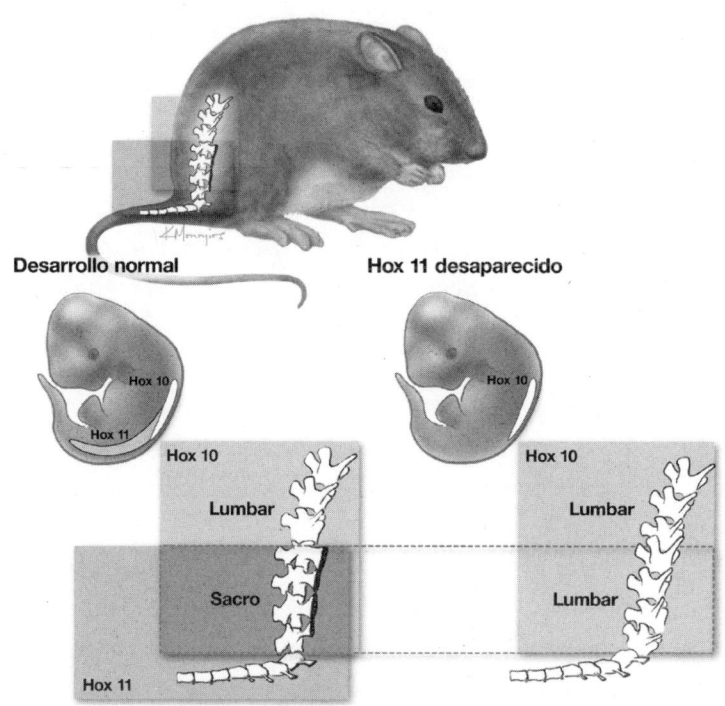

Los cambios en la actividad de los genes *Hox* pueden transformar previsiblemente las vértebras sacras en lumbares.

mecanismos que subyacen a la diversidad de la vida. La observación de la vida en el siglo XIX, los descubrimientos producidos en la habitación de las moscas y la biología genómica actual se combinan para revelar la belleza del interior de los cuerpos animales. La arquitectura genética que construye los cuerpos de moscas, ratones y personas revela que todos somos variaciones sobre un mismo tema. De un conjunto de herramientas comunes surgen las múltiples ramas del árbol de la vida.

Reutilizar, reducir, reciclar

A medida que se revelaba la localización de los genes de Lewis en distintas especies, las monografías arcanas del siglo XIX,

139

olvidadas durante mucho tiempo, volvían a someterse a un renovado escrutinio. A principios de la década de 1990, las observaciones e ideas de filósofos naturales clásicos como William Bateson fueron pasto de varios experimentos de vanguardia. Este había observado que algunos de los tipos de variación más comunes consistían en cambiar el número de partes del cuerpo o hacer que brotaran otras en lugares extraños. Calvin Bridges, Edward Lewis y los biólogos moleculares que vinieron después seguían un camino que se había trazado casi un siglo antes. Y al igual que en el siglo XIX, los monstruos y los mutantes, ya fueran fabricados en el laboratorio o encontrados por causalidad en la naturaleza, eran el centro de todo.

Yo me formé en el mundo de los fósiles, las colecciones de museo y las expediciones. Sin embargo, un resultado me llevó a querer aprender biología molecular lo antes posible.

Cuando los equipos de investigadores de todo el mundo estaban explorando la actividad de los genes *Hox* en los ratones, se toparon con algo totalmente inesperado. Los genes *Hox* del ratón no se limitaban a controlar la formación de las vértebras y las costillas a lo largo del eje corporal; estaban activos en distintos órganos del embrión, desde la cabeza y las extremidades hasta las vísceras y los genitales. Es casi como si estos genes se redistribuyeran por todo el cuerpo para construir cualquier órgano que tuviera su propia estructura segmentada. Los patrones de actividad genética apuntaban a una especie de corta y pega biológico: un proceso genético utilizado para formar el eje principal del cuerpo que se redistribuía para fabricar otras estructuras corporales. Varios experimentos realizados a principios de la década de 1990 revelaron que la actividad de estos genes en las extremidades es muy parecida a la del eje corporal; están activos en distintos momentos del desarrollo y parecen proporcionar una dirección genética a las distintas partes de la extremidad. Todas las extremidades, desde las ancas de las ranas hasta las aletas de las ballenas, tienen un patrón esquelético similar. Todas tienen un único hueso en la base, el húmero. A continuación, dos huesos, el radio y el cúbito, se extienden desde el codo. Al final, están los huesos de la muñeca y los dedos. Aunque los tamaños, las formas y el número de huesos pueden variar en las criaturas que utilizan alas para volar, aletas para nadar o manos para tocar el piano, este patrón de un hueso-dos huesos-huesitos-dígitos siempre está presente. Es un gran tema anatómico, como un patrón antiguo que subyace a la diversidad de todas las criaturas con un esqueleto de extremidades.

Es más, estas tres regiones anatómicas —brazo, antebrazo y mano— corresponden a las tres zonas en las que los distintos genes *Hox* están activos. Cada región corresponde a una dirección diferente de la actividad de los genes, al igual que en el cuerpo de una mosca, *Parhyale* o un ratón.

Ahora, los investigadores podrían preguntarse, ¿qué ocurre cuando se cambia el patrón de actividad genética en los diferentes segmentos de las extremidades? Como vimos en el *Parhyale*, y en el eje corporal de los ratones, cambiar el patrón de actividad genética de los distintos segmentos corporales podía tener efectos predecibles en los órganos que se desarrollan a partir de ellos.

En los años 90, un equipo de científicos franceses creó mutaciones suprimiendo los genes *Hox* en los ratones, de forma muy parecida a lo que había hecho Patel con el *Parhyale*. Cuando suprimieron los genes *Hox* activos en la cola, crearon un ratón mutante que carecía de cola. Después, hicieron el mismo experimento en las extremidades. Los mismos genes *Hox* que producen la cola también están activos en las extremidades, ya que definen el segmento más terminal de la extremidad: la mano o el pie. Cuando el equipo francés suprimió esos mismos genes activos en las patas, creó una población de ratones que solo tenían el esqueleto de un hueso y dos huesos en las extremidades. Los ratones que se desarrollaron con los genes perdidos carecían de manos.

Me he pasado la mayor parte de mi carrera estudiando cómo surgieron las manos y los pies a partir de las aletas de los peces. Mis colegas y yo nos pasamos seis años estudiando el registro fósil para encontrar un pez con huesos de brazo y muñecas. De repente, teníamos las pruebas necesarias que mostraban los genes necesarios para crear las manos.

Este resultado me llevó a seguir un nuevo camino en mi propia investigación. Además de recoger fósiles, me di cuenta de que necesitaba poder experimentar con los genes. Disponer de ese conjunto de herramientas me daría la posibilidad de formular nuevos tipos de preguntas. ¿Tenían los peces esos genes? En caso afirmativo, ¿qué hacían en las aletas de los peces? ¿Podrían estos genes de la mano ayudar a explicar cómo se transformaron las aletas en extremidades?

Los peces que ves en el mercado, en una inmersión o en un acuario no poseen dedos en las manos ni en los pies; la aleta está formada principalmente por un gran conjunto de radios con membranas entre ellos. El hueso de los radios de la aleta es diferente del hueso de los dedos. Los dedos se forman inicialmente a partir de precursores cartilaginosos, mientras que los radios de las aletas se desarrollan directamente bajo la piel. Como sabemos por los registros fósiles, la transición de las aletas a las extremidades implicó dos grandes cambios: el aumento de los dígitos y la pérdida de los radios de las aletas.

Dado que el equipo francés desveló los genes necesarios para fabricar las manos y los pies de los ratones, podría pensarse que esos genes son exclusivos de las criaturas con extremidades. Sin embargo, eso sería un error, ya que los peces también tienen estos genes. ¿Qué hacen los genes de las manos y los pies en las aletas de los peces?

Dos jóvenes biólogos se pasaron cuatro años explorando esta cuestión en mi laboratorio de Chicago. En primer lugar,

Tetsuya Nakamura intentó duplicar los experimentos con los genes de mamíferos con aletas de peces. Eliminó diligentemente los genes, pero los animales que carecían de ellos no prosperaban con facilidad. Hay que recordar que estos genes también intervienen en la formación de las vértebras, por lo que los animales mutantes no podían nadar con facilidad. Después de tres años creando mutantes y ayudándoles a reproducirse, Nakamura descubrió algo sorprendente: cuando se eliminaban estos genes del genoma, los peces mutantes carecían de los radios de las aletas.

Conocí al segundo joven científico en cuestión en 1983, cuando mi profesor de anatomía, Lee Gehrke, trajo a su recién nacido hijo a una conferencia. Poco podía imaginar que dos décadas más tarde, el bebé, Andrew Gehrke, acabaría haciendo el doctorado en mi laboratorio. Gehrke, como Nakamura, se pasaba las noches en el laboratorio hasta las tres de la madrugada ideando experimentos. En un laboratorio de Canadá se demostró que, cuando se marcaban los genes de la mano en ratones y se seguía su desarrollo, casi todas las células acababan en la muñeca y los dedos. No fue una gran sorpresa. La sorpresa estaba en las aletas de los peces. Una noche, Gehrke rastreó la actividad de estos genes en las aletas de los peces y tomó una foto. La figura resultante fue portada del *New York Times* por la sencilla razón de que contaba una gran historia. Los genes necesarios para construir las manos de ratones y personas no solo están presentes en los peces, sino que fabrican los huesos que se sitúan en el extremo del esqueleto de las aletas, los radios de las aletas.

La transformación de las aletas en extremidades es un mundo de reutilización a todos los niveles: los genes que fabrican las manos y los pies están presentes en los peces, fabricando el extremo terminal de sus aletas, y las versiones de estos mismos genes ayudan a construir el extremo terminal de los cuerpos de las moscas y otros animales. Las grandes revoluciones

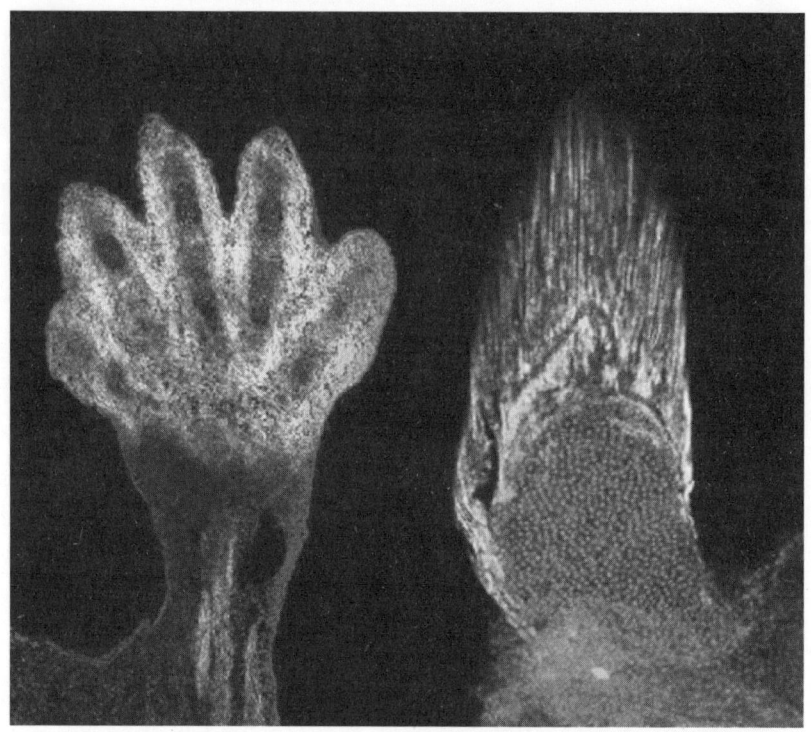

El patrón de actividad génica necesario para fabricar las manos (izquierda) está presente en los peces que fabrican el extremo terminal de sus aletas. La zona iluminada muestra los lugares en los que los genes *Hox* similares estuvieron activos durante el desarrollo.

de la vida no implican necesariamente la invención de nuevos genes, órganos o formas de vida. A través de las características antiguas, se abre un mundo de posibilidades de nuevas formas para los descendientes.

Modificar, redistribuir o reutilizar los genes antiguos proporciona un combustible necesario para el cambio evolutivo. Las recetas genéticas no tienen por qué surgir de la nada para crear nuevos órganos. Los genes existentes y sus redes pueden extraerse de la estantería y modificarse para crear cosas extraordinariamente nuevas. El uso de lo antiguo para crear lo nuevo se extiende a todos los niveles de la historia de la vida, incluso a la invención de nuevos genes.

5

IMITADORES

En los siglos XVII y XVIII, los cuerpos de los animales constituían un mundo tan asombroso como las expediciones a los confines del planeta. Aún no se habían descubierto las características anatómicas básicas de los seres humanos, y mucho menos de las diversas criaturas recogidas en los lugares remotos de la Tierra. Al igual que los picos, los ríos y otras estructuras geográficas, las partes del cuerpo a menudo recibían el nombre de las personas que las descubrían. Sus nombres nos conectan históricamente con los cientos de exploradores que descubrieron por primera vez la estructura de los cuerpos. Está el haz o fascículo de Bachmann (también llamado banda interauricular), un conducto eléctrico del corazón. En el ojo, el tendón o anillo de Zinn, un anillo de tejido fibroso alrededor del nervio óptico. Y quién puede olvidar la masa móvil de Henry, que da nombre a la masa de músculos de la cara externa del antebrazo.

Los descubridores que acuñaron estos nombres no se limitaban a colocar su bandera en las distintas partes del cuerpo, sino que intentaban distinguir los patrones profundos de la naturaleza. El médico francés Félix Vicq d'Azyr (1748-94) tiene dos estructuras que llevan su nombre: la estría occipital de Vicq d'Azyr y el foramen de Vicq d'Azyr (también denominado foramen caecum o foramen de Schwalbe), ambas en el cerebro. Fundador de la neuroanatomía moderna y, más tarde, de la anatomía comparada, es una figura infravalorada en la historia de la ciencia. Vicq d'Azyr fue uno de los primeros en comparar las estructuras anatómicas de distintos animales con el fin de descifrar las reglas subyacentes que explican el aspecto de las estructuras corporales.

Vicq d'Azyr no solo comparó estructuras anatómicas similares entre especies, sino que buscó la organización interior de los cuerpos. Al diseccionar las extremidades humanas, vio que las extremidades anteriores y posteriores eran en esencia copias unas de otras. Los huesos del brazo y de la pierna siguen el esquema similar de un hueso-dos huesos-varios huesos-dígitos. Al profundizar aún más en estas comparaciones, descubrió cómo los músculos del brazo y la pierna siguen patrones similares, casi como si formaran parte de una serie repetida de órganos duplicados.

Casi setenta años después, el anatomista británico sir Richard Owen (1804-92) amplió la idea de Vicq d'Azyr a todo el cuerpo y a todos los esqueletos animales. Las costillas, las vértebras y los huesos de las extremidades parecen copias modificadas unas de otras, similares en su diseño general, pero con sutiles diferencias de forma, tamaño y posición en el cuerpo. A Owen le impresionó tanto esta idea que propuso que el arquetipo de todos los esqueletos, desde los peces hasta las personas, era una criatura sencilla con bloques de vértebras y costillas que iban de la cola a la cabeza.

Vicq d'Azyr y Owen no solo estaban descubriendo un patrón fundamental en los cuerpos. Estaban revelando un hecho sobre toda la biología en sí, sobre todo sobre el ADN.

Puentes de nuevo

Las minuciosas disecciones anatómicas de los siglos XVIII y XIX fueron un preludio de las meticulosas actividades de la habitación de las moscas de Morgan. En 1913, una de las estudiantes de Morgan, Sabra Cobey Tice, encontró una única mosca macho con ojos extremadamente pequeños. Este mutante era raro, el único entre cientos de descendientes normales. Al mantener las moscas en el laboratorio y pasar varios meses diferenciando machos y hembras, Tice pudo finalmente criar más de ellas.

En 1936, dos años antes de su muerte, Calvin Bridges decidió utilizar nuevas técnicas ultrafinas para examinar el material genético de estos mutantes de ojos pequeños. La técnica se adaptaba bien a las habilidades de precisión de Bridges. Empezó extrayendo pequeñas porciones de las células de la glándula salival, las calentó, las colocó en un portaobjetos de cristal y, a continuación, las sometió a un microscopio de gran aumento para ver el interior de las células. Al hacer esto de forma correcta, los cromosomas se hacen visibles en el interior de las células. Bridges no conocía el ADN, pero sabía que los cromosomas contenían genes.

Los cromosomas de los animales y las plantas se presentan en muchos números, formas y tamaños diferentes. Como vimos con el *Bithorax*, cuando los cromosomas se preparan con las técnicas que utilizó Bridges, aparecen en bandas, con rayas oscuras y claras, algunas gruesas, otras finas, alternándose en lo que a primera vista parecen patrones aleatorios. La organización de las bandas es la clave: pueden servir como un sistema de coordenadas para adivinar la posición de los genes que Morgan y su equipo estaban identificando. Recordemos que los genes son tramos de ADN plegados y enrollados sobre sí mismos para formar los cromosomas. Los genes se identificaban por su posición en el ritmo de bandas oscuras y claras, y una mutación se produce cuando hay un cambio local en el patrón de estas bandas. Ahora sabemos que las bandas son como un GPS con poca cobertura por satélite; pueden aportarla localización del defecto genético de un mutante, pero esta ubicación no es muy precisa.

Bridges preparó los cromosomas de la mosca mutante de ojos pequeños y luego comparó el patrón de rayas con el de las moscas normales. El patrón de rayas era idéntico excepto en una región. El mutante de ojos pequeños tenía un solo cromosoma, extralargo y un segmento entero de bandas claras y oscuras parecía repetir el que estaba justo al lado. Convencido de que esto reflejaba una duplicación de un segmento del genoma, Bridges tomó nota y especuló con que existía algún tipo aberrante de copia de genes, que era la causa de que la mosca tuviera ojos anormalmente pequeños y un cromosoma más largo.

Mientras Vicq d'Azyr, Owen y sus contemporáneos habían imaginado los cuerpos como compuestos de partes repetidas, Calvin Bridges empezaba a ver copias en el genoma. La idea de la duplicación genética no había hecho más que empezar.

Música para nuestros genes

Steve Jobs dijo una vez: «Picasso tenía un dicho— "los buenos artistas copian; los grandes artistas roban" — y nosotros [en Apple] siempre hemos sido descarados a la hora de robar grandes ideas». Lo que funciona para el arte y la tecnología también funciona para los genes. ¿Por qué construir desde cero cuando se puede copiar o incluso robar?

Susumu Ohno (izquierda).

Décadas antes de que Jobs pronunciara estas palabras, un investigador silencioso, que trabajaba casi solo, las aplicaba a la genética. Susumu Ohno (1928-2000), en el City of Hope de California, se aficionó a traducir la estructura de las proteínas en piezas de concierto para violín y piano. Sabiendo que las proteínas se componen de varias cadenas de aminoácidos, utilizaba cada molécula como una nota diferente. La música tenía para él una resonancia profunda, casi mística. La partitura hecha a partir de una proteína cancerígena maligna le sonaba como la Marcha Fúnebre de Chopin. La partitura hecha a partir de la secuencia de una proteína que ayudaba al cuerpo a procesar azúcares era, para sus oídos, como una canción de cuna. Ohno descubrió algo más que cantos fúnebres y melodías en genes y proteínas: descubrió una nueva visión de la invención biológica.

Ohno había sido criado por el ministro de educación del virreinato japonés en Corea y tuvo la suerte de recibir una educación llena de retos intelectuales desde una edad muy temprana.

Según cuenta él mismo, el trabajo de su vida surgió de su afición infantil por los caballos. Pasaba los fines de semana montando a caballo y llegó a pensar que «cuando un caballo no es bueno, no hay mucho que se pueda hacer». Para Ohno, la clave para entender a los distintos caballos residía en comprender los genes que los hacían más rápidos o más lentos, más fuertes o más débiles, más grandes o más pequeños. Tras estudiar genética en Japón y más tarde en la UCLA, conocía el trabajo de Morgan y Bridges, y se pasaba el día estudiando los cromosomas en busca de patrones que describieran las similitudes y diferencias entre los seres vivos.

En los años sesenta, utilizando técnicas no muy distintas de las de Bridges décadas antes, Ohno tiñó las células de distintas especies de mamíferos con sustancias químicas para revelar las bandas de sus cromosomas. Después, las fotografió, las recortó como muñecos de papel y las colocó sobre una mesa. Con las fotos recortadas de los cromosomas frente a él, se preguntó: ¿Cuáles son las diferencias entre los cromosomas de las diversas especies? Se trataba de un método ingenioso y sin apenas tecnología para estudiar los cambios genéticos que diferenciaban a las especies.

Ohno empezó comparando los cromosomas de distintas especies de mamíferos, desde las diminutas musarañas hasta las jirafas. Tras obtener las células de diferentes especies en zoológicos y otras fuentes, su primera observación fue que el número total de cromosomas de las distintas especies puede variar enormemente, desde un mínimo de diecisiete pares en un topillo rastrero hasta ochenta y cuatro pares en el rinoceronte negro.

Ohno hizo entonces algo muy simple y elegante, pero con implicaciones muy poderosas. Pesó los recortes de papel de los cromosomas de cada especie. Conjeturó que el peso de los recortes podría servir como indicador de la cantidad total de material genético que había dentro de las células de una criatura. Pesaba los recortes de cartón de imágenes de cromosomas, no los cromosomas en sí, pero lo que importaba era el peso relativo. Para que esto funcionara, Ohno tuvo que cortar los cromosomas de las imágenes con mucho cuidado. Cuando pesó los recortes de los diecisiete cromosomas del topillo y los recortes de los ochenta y cuatro cromosomas del rinoceronte negro, el peso total de cada especie era prácticamente el mismo. De hecho, los recortes de todas las especies de mamíferos pesaban lo mismo, desde los elefantes hasta las musarañas. Ohno llegó a la conclusión de que los pesos similares de los recortes de cartón demostraban que los pesos de los cromosomas eran los mismos en los distintos mamíferos. Esta similitud se mantenía a pesar de las grandes diferencias en el número de cromosomas de las distintas especies.

Ohno amplió su comparación a otras criaturas: ¿tenían también las distintas especies de anfibios y peces la misma cantidad de material genético? Las especies de salamandras tienden a parecerse entre sí, por ejemplo, y Ohno supuso que su material genético debía ser prácticamente el mismo. Al cortar los cromosomas y pesarlos, se encontró con una gran sorpresa: las especies de salamandras diferentes, pero anatómicamente similares, podían tener cantidades muy distintas de ADN en sus células, y algunas especies tenían entre cinco y diez veces más que otras. Lo mismo ocurría con las especies de ranas. Es más, la cantidad de material genético de ambos tipos de anfibios empequeñecía la de los humanos y otros mamíferos. Algunas salamandras y ranas tienen veinticinco veces más material genético que los humanos.

Con sus recortes de cartón, Ohno descubrió algo que miles de millones de dólares de proyectos genómicos iban a confirmar décadas después. La complejidad de un animal y las diferencias entre especies no se corresponden con la cantidad de material genético de las células. Como las salamandras en general se parecían a pesar de que una especie tenía diez veces más ADN que otra y ese material genético extra no parecía estar relacionado con ninguna diferencia observable en la anatomía de los animales, Ohno conjeturó que los genomas de las salamandras y otras especies estaban plagados de tramos de ADN sin sentido. Este ADN era, por usar su término, «basura».

Ohno observó que las salamandras con los genomas más grandes tendían también a presentar extraños patrones de bandas a lo largo de sus cromosomas: había tramos enteros que parecían estar formados por bandas repetidas o duplicadas. Especuló que todo el ADN extra en las células de salamandras y ranas se debía a genes duplicados, como si algunas partes del genoma se hubieran copiado una y otra y otra vez. Toda esa «basura» procedía de un proceso de copia descontrolado. Ohno sospechaba que la duplicación desbocada era un factor importante en las grandes transiciones de la historia de la vida. Como buen detective, trató de entender cómo había sucedido y qué podía implicar sobre el pasado evolutivo.

Ohno sabía que cuando las células se dividen, los cromosomas se copian y esto puede producir errores. El grupo de T. H. Morgan en la habitación de las moscas había observado cómo se dividían las células. Al teñir los cromosomas, habían visto cómo se copiaban y los tipos de errores que se producían dentro de las células. La mayoría de los animales tienen dos juegos de cromosomas en cada célula, uno de cada progenitor. Los humanos tenemos veintitrés pares de cromosomas, cada par contiene un cromosoma de la madre y otro del padre, lo que nos da un total de cuarenta y seis cromosomas. Mientras que la mayoría de nuestras células tienen dos copias de cada cromosoma, el espermatozoide y el óvulo solo tienen una. Cuando se fabrican los espermatozoides y los óvulos, el ADN se replica y los cromosomas se copian, y solo se asigna un juego de cromosomas a cada espermatozoide y óvulo. Sin embargo, las cosas pueden ir mal. Cuando se copian los cromosomas, los nuevos pares pueden intercambiar material. Si el intercambio es desigual, un cromosoma puede acabar con más copias de genes y el otro con menos. Este proceso podría producir una descendencia con muchas copias del mismo gen y un genoma más grande como resultado, muy parecido a lo que Bridges vio con su mosca de ojos pequeños u Ohno con sus recortes de cartón.

Otro tipo de error puede modificar todo el genoma. Después de que se copien los cromosomas, se trasladan a nuevos espermatozoides y óvulos. Si no se trasladan correctamente a sus nuevos hogares, algunos espermatozoides u óvulos pueden acabar con cromosomas de más. No se trata de la duplicación de un solo gen, sino de los muchos miles que puede haber en el cromosoma. El espermatozoide o el óvulo pueden formar un embrión no con los dos conjuntos normales, sino a veces con un solo cromosoma extra o varios conjuntos completos. En lugar de dos copias de cada cromosoma, el espermatozoide o el óvulo pueden acabar con tres o más.

La presencia de un solo cromosoma de más puede provocar cambios drásticos. A menudo, al alterarse el equilibrio del material genético, se interrumpe la interacción de los genes necesaria para el desarrollo normal. Una de las consecuencias de esto puede ser una anomalía congénita. El síndrome de Down se produce cuando el embrión termina con una copia extra del cromosoma 21. El síndrome afecta a todo el cuerpo desde el cerebro hasta la médula espinal. El síndrome afecta a todo el cuerpo, desde el sistema nervioso hasta la barbilla, los ojos y los pliegues de la palma de la mano. Los genetistas han reunido varios catálogos que describen lo que ocurre con los cromosomas, desde el síndrome de Patau, en el que el embrión tiene una copia extra del cromosoma 13, hasta el síndrome de Edwards, que resulta de un cromosoma 18 adicional. En ambos casos, el desarrollo del cerebro, el esqueleto y los órganos —prácticamente todas las partes del cuerpo— se ve afectado.

Una cosa es tener un solo cromosoma de más y otra muy distinta que un embrión acabe con conjuntos duplicados de ellos. A veces se produce la magia biológica. En lugar de las dos copias normales de cada gen, puede tener tres, cuatro o incluso dieciséis o más. En casi todas las comidas consumimos individuos con juegos extra de cromosomas. Los plátanos y las sandías tienen tres juegos; las patatas, los puerros y los cacahuetes, cuatro; las fresas, hasta ocho. Los botánicos se dieron cuenta muy pronto de que si criaban plantas con genomas duplicados, la descendencia a veces tendría juegos extra de cromosomas y sería más vibrante o más sabrosa. Nadie sabe por qué, pero algunos creen que el material genético extra se utiliza para mejorar el crecimiento y el metabolismo. Este aumento de cromosomas ocurre con regularidad en la naturaleza.

Cuando un espermatozoide con un juego extra de cromosomas fecunda un óvulo con un juego extra, el embrión puede ser viable, incluso más robusto que uno normal. Este nuevo individuo será diferente de sus congéneres. En ocasiones, como su genoma es tan diferente del de sus padres o hermanos, solo puede reproducirse de manera eficaz con individuos que también tengan este juego extra de cromosomas. Son una especie de monstruo prometedor, una mutación genética producida en un solo paso, por un cambio en la asignación de cromosomas al espermatozoide y al óvulo. En el mundo hay más de seiscientas mil especies de plantas con flores. Más de la mitad de ellas tienen conjuntos duplicados de cromosomas, sus especies formadas por un simple cambio en la manera de fabricar espermatozoides y óvulos.

Lo que es común en las plantas es raro en los animales. Tales mutaciones rara vez son viables en mamíferos, aves o reptiles. Los animales que tienen un número significativo de especies con juegos extra de cromosomas son los reptiles, los anfibios y los peces. Los lagartos suelen nacer con varios juegos de cromosomas; los individuos con esta afección crecen y tienen un aspecto normal, pero suelen ser estériles. Las ranas y las especies de peces, sin embargo, pueden tener varios juegos y reproducirse con normalidad.

Cuando Ohno hizo sus recortes de cartón, sabía que había simples errores en la célula que podían duplicar cromosomas, partes de cromosomas, incluso conjuntos enteros de cromosomas. Por tanto, imaginó un mundo de copias y copias de copias. Para él, los duplicados eran la semilla de la invención.

Los recortes de salamandras y ranas inspiraron una nueva visión de las invenciones genéticas en la historia de la vida. Una idea predominante era que el combustible de la evolución por selección natural eran estos pequeños cambios en los genes. ¿Y si, postulaba Onho, un motor del cambio evolutivo fuera la duplicación de genes? Los inventos vendrían listos para nuevos usos. Si un gen se duplica, ahora existen dos genes donde antes solo había uno. Este tipo de redundancia significa que un gen puede permanecer igual y conservar la antigua función, mientras que la otra copia puede cambiar y adquirir una nueva. Un nuevo gen puede producirse en un santiamén sin apenas coste para el portador.

La duplicación puede sentar las bases del cambio a todos los niveles del genoma. Las partes útiles están listas para llevar el cambio en nuevas direcciones, de modo que reutilizan algo viejo para hacer algo nuevo.

Cuando Ohno terminó de hacer sus recortes de cromosomas, ya se disponía de las secuencias de distintas proteínas, que no hicieron sino confirmar el alcance de las copias que se producían en el genoma. Eran copias hasta el final: había genomas enteros que podían copiarse, genes que podían duplicarse, incluso partes de proteínas que parecían tener secuencias repetidas en su interior. Estas proteínas duplicadas, para Ohno, producían una música especial. Ohno y su mujer, Midori, cantante, eran llamados a menudo para interpretar parte de su música de moléculas duplicadas en actos sociales.

Copias por todas partes

El genoma en todos sus niveles se asemeja a una partitura musical en la que las mismas frases musicales se repiten de diferentes maneras para componer canciones muy diferentes. De hecho, si la naturaleza se dedicara a componer música, sería una de las mayores infractoras de derechos de autor de la historia: todo, desde partes del ADN hasta genes y proteínas enteros, es una copia modificada de otra cosa. Observar las duplicaciones en el genoma es como ponerse unas gafas nuevas: el mundo se ve diferente. Cuando se empiezan a ver las duplicaciones en el genoma, se ven por todas partes. El nuevo material genético parece una copia de material antiguo reutilizado. El poder creativo de la evolución se parece más a un imitador que duplica y modifica ADN antiguo, proteínas e incluso los planos que construyen órganos, durante miles de millones de años.

Los primeros en estudiar las secuencias de proteínas, entre ellos, Zuckerkandl y Pauling, se toparon de bruces con las duplicaciones. La hemoglobina, la proteína que transporta el oxígeno en la sangre, existe en muchas formas, cada una de las cuales corresponde a una condición de vida diferente. Las necesidades de un feto difieren de las de un adulto. En el útero, el oxígeno procede del torrente sanguíneo de la madre, mientras que en los adultos intervienen los pulmones. Estas etapas de la vida están marcadas por diferentes hemoglobinas que son copias unas de otras.

Las diferentes secuencias de aminoácidos de las proteínas parecen ser versiones unas de otras. Hay ejemplos en todos los tejidos y órganos: piel, sangre, ojos y nariz, por citar algunos.

La queratina es una proteína que confiere a nuestras uñas, piel y cabello sus propiedades físicas especiales. Cada tejido tiene un tipo diferente de queratina en su interior, algunas flexibles y otras duras. La familia de genes de la queratina se formó como un único gen de queratina antiguo que se duplicó para crear queratinas dedicadas a cada tejido.

La visión del color se produce por la acción de unas proteínas llamadas opsinas. Las personas vemos una amplia gama de colores porque tenemos tres opsinas, cada una sintonizada con una longitud de onda de luz distinta: roja, verde y azul. Estas opsinas se han duplicado, pasando de una sola a tres, con el consiguiente aumento de la agudeza visual. Lo mismo ocurre con las moléculas encargadas del olfato.

El repertorio de olores que puede percibir un animal viene definido en gran parte por el número de genes receptores olfativos que posea. Los humanos tenemos unos quinientos, pero no somos nada comparados con los perros y las ratas, que tienen mil y mil quinientos, respectivamente. (Los peces tienen unos 150.) Los genes duplicados participan en la visión, el olfato, la respiración y prácticamente en todas las acciones de los animales. Casi todas las proteínas del cuerpo son un duplicado modificado de una antigua, reutilizada para estas nuevas funciones.

Como vieron Lewis y otros que le siguieron, los genes que construyen los cuerpos son a menudo copias modificadas unos de otros. Los genes de Lewis, el *Bithorax* en las moscas, y los genes *Hox* en los ratones son duplicados. Los genes *Hox*, tan implicados en la arquitectura corporal, son una gran familia de genes que, con el tiempo, no ha hecho más que aumentar en número. Los humanos, como los ratones, tienen treinta y nueve, mientras que las moscas solo tienen ocho. Lo mismo ocurre con otros genes importantes que construyen el cuerpo de los animales. Los genes de la familia *Pax* intervienen en la formación de los ojos, los oídos, la médula espinal y los órganos internos; en total, son nueve. *Pax 6* está implicado en el desarrollo del ojo, *Pax 4* en el páncreas. Los embriones que carecen de estos genes no tienen estos órganos. Su gen abuelo era un único gen *Pax* que se duplicó, y las distintas copias adquirieron nuevas funciones en diferentes tejidos y órganos.

Ahora sabemos que los genes del genoma forman parte de varias familias génicas, repletas de duplicados, que comparten secuencias esenciales. Una familia puede estar formada por un puñado de genes o por miles, cada uno con funciones diferentes. Y esto nos revela un poderoso proceso en marcha en la evolución.

Como vio Ohno, las copias pueden ser grandes caminos para la invención. Mi colega de Chicago Manyuan Long se fijó en las moscas de la fruta para estimar cómo surgían nuevos genes en las distintas especies. Long utilizó las secuencias genómicas disponibles de las distintas especies de mosca. Más de quinientos genes nuevos diferían entre las especies, alrededor del 4 % de todo el genoma. Aunque algunos surgieron de procesos que aún no comprendemos, la mayoría de los nuevos genes surgieron como duplicados de otros antiguos. ¿Por qué inventar desde cero cuando se puede copiar?

La duplicación de genes puede incluso llegar a ser personal.

Grandes cerebros

Un rasgo característico de los humanos es que nuestro cerebro es más grande que el de nuestros parientes primates. Obviamente, conocer las bases genéticas de su origen nos indicaría cómo surgieron el pensamiento, el habla y muchas de nuestras otras capacidades únicas. A juzgar por los registros fósiles, el volumen del cerebro casi se ha triplicado con respecto al de nuestros antepasados australopitecos hace tres millones de años. El cerebro se expandió en determinadas regiones, sobre todo en la denominada región cortical del cerebro anterior, asociada al pensamiento, la planificación y el aprendizaje.

El registro fósil muestra que la expansión del cerebro estuvo relacionada con otros cambios, sobre todo con una nueva complejidad en los tipos de herramientas que fabricaban y utilizaban nuestros antepasados. Ahora entra en escena la tecnología genómica, que abre una nueva búsqueda: comprender los genes que nos hacen humanos.

Un enfoque sería comparar los genomas de humanos y chimpancés. Se obtendría una lista de genes que tienen los humanos pero no los chimpancés. Aunque esa lista sería informativa, no diría nada sobre qué genes son importantes para el origen del cerebro humano. Estas diferencias podrían referirse a cualquier característica que separa a los humanos de otros primates o incluso a ninguna.

Una forma de resolver este problema puede haber sido sacada de las películas de ciencia ficción: cultivar cerebros en una placa. Incluso el nombre, organoide, suena un poco a eso. La idea es tomar células cerebrales de un animal en desarrollo, ponerlas en una placa y ver en qué condiciones se pueden fabricar estructuras cerebrales. Es mucho más fácil estudiar los tejidos en una placa que en el embrión, sobre todo en mamíferos, donde la mayor parte de la acción tiene lugar en el útero. Un equipo de California comparó organoides cerebrales de humanos y macacos y comparó las diferencias. En la placa, se formó una versión de la región cortical que es exclusivamente humana en el organoide humano, pero no ocurrió así en la del mono. Los investigadores observaron los genes que se activaban cuando se formaba este tejido. Había un gen que estaba activo en todas las células humanas, pero no en el tejido del mono. El nombre, *NOTCH2NL*, parece un trabalenguas, pero es relevante para la historia.

Al mismo tiempo, un laboratorio situado a diez mil kilómetros de distancia, en Holanda, tenía un acceso inusual a tejido cerebral fetal humano, procedente de abortos espontáneos y médicamente necesarios. Este tejido era único, ya que procedía de embriones en la fase de formación del cerebro. Los investigadores analizaron los genes activos en el cerebro y descubrieron que un pequeño número parecían tener el perfil adecuado para formar el cerebro: se activaban en el momento adecuado del desarrollo y producían sus proteínas de forma activa. Uno de ellos era el *NOTCH2NL*, el gen identificado en los experimentos de la placa.

El sabor a ciencia ficción de la investigación solo aumentó cuando el equipo holandés tomó el *NOTCH2NL* humano y lo insertó en un ratón. Crearon una quimera humano-ratón. El resultado fue un ratón que desarrollaba más células cerebrales corticales, como un humano.

A continuación, el equipo de California examinó el genoma y comparó el de humanos, neandertales y primates. Descubrieron que el gen *NOTCH2NL* era uno de los tres que actuaban en el cerebro humano y que todos ellos eran similares a un único gen, *NOTCH*, que estaba presente en todo tipo de organismos, desde moscas a primates, y estaba implicado en el desarrollo de muchos órganos diferentes. ¿Cómo se originaron los tres genes del cerebro humano? La respuesta a esta pregunta es por duplicaciones del gen *NOTCH* primitivo de antepasados primates. Una vez duplicados, las copias adquirieron nuevas funciones.

Las duplicaciones genéticas no solo ayudan a explicar el pasado, sino que también influyen en el presente. Los tres duplicados de *NOTCH* se encuentran uno al lado del otro en el genoma humano. Esta estructura hace que la región sea inestable; incluso es capaz de romperse cuando los genes se copian durante la división celular. En los lugares donde el cromosoma puede dañarse, se pueden producir roturas y estos cambios afectan a la función de los genes y del cerebro. Cuando las células se dividen, la región puede duplicarse o eliminarse. Los que tienen las duplicaciones crecen con cerebros más grandes; los que carecen de ellos, más pequeños. Algunos individuos con estos cambios genéticos tienen una función cerebral normal, pero la mayoría muestran síntomas de esquizofrenia y autismo.

Está claro que *NOTCH2NL* no es el único gen implicado en la creación de los cerebros más grandes. Pero, como demuestra este trabajo, nuestro genoma está repleto de repeticiones, familias de genes y otros tipos de copias, y estas duplicaciones pueden ser el combustible para la invención y el cambio.

Copias a lo loco

Roy Britten llevaba la ciencia en el ADN. Nacido en 1912 y criado por científicos de distintas disciplinas, se aficionó a la física y acabó trabajando en el Proyecto Manhattan durante la Segunda Guerra Mundial. Cada año que pasaba, su ansia por lograr la paz aumentaba y ansiaba un nuevo empleo. Tras el descubrimiento de la estructura del ADN en 1953, y en su ambición por buscar nuevas aventuras intelectuales, Britten siguió un breve curso sobre virus en el laboratorio Cold Spring Harbor de Nueva York. Armado con esos conocimientos y viendo el ADN como una nueva frontera, se puso a trabajar en su estructura.

Los problemas que preocupaban a Britten consistían en comprender cuántos genes había en el genoma y cómo estaban organizados. Eran los tiempos previos a la secuenciación de los genomas y su organización era en gran medida un misterio. A falta de secuenciadores de genes, Britten, como Ohno antes que él, tuvo que conjurar algunos ingeniosos trucos experimentales.

Siguiendo a Ohno, Britten tuvo la corazonada de que el genoma estaba compuesto por partes duplicadas. Diseñó un experimento inteligente para aproximarse a la cantidad de copias que contiene el genoma. Extrajo ADN de las células de una criatura y lo calentó, rompiendo así la cadena de ADN en miles de trozos más pequeños. Después cambió las condiciones y dejó que la cadena volviera a unirse. El truco consistía en medir la rapidez con la que las distintas partes se unían para formar otra cadena única. Supuso que la velocidad a la que se unía el ADN le daría una idea de cuántos elementos repetidos había en el genoma. ¿La razón? Debido a la química de la molécula de ADN de que «lo semejante atrae a lo semejante». Un genoma compuesto de partes repetidas debería volver a unirse más rápidamente que uno compuesto de partes diferentes.

Britten hizo sus primeros cálculos con el ADN de un ternero y un salmón, y luego amplió la comparación a otras especies. Aunque esperaba encontrar muchos duplicados en el genoma, los resultados le sorprendieron. Según sus cálculos, alrededor del 40 % del genoma de la ternera estaba formado por secuencias repetidas. En el salmón, la cifra se acercaba al 50 %. El número de repeticiones en cada genoma era tan sorprendente como su prevalencia en las distintas especies. El ADN de casi todos los animales que desmenuzó y volvió a ensamblar contenía un enorme número de elementos repetidos. Utilizando las rudimentarias técnicas disponibles en aquel momento, calculó que algunos elementos tenían más de un millón de copias en el genoma.

La llegada de los proyectos genómicos posteriores nos permitió ver las secuencias específicas que se han duplicado en el genoma y dar una resolución más fina a los primeros esfuerzos de Bridges, Ohno y Britten. Existe un fragmento llamado *ALU*, de unas trescientas bases de longitud, que se encuentra en todos los primates. El 13 % del genoma humano está compuesto por las repeticiones del *ALU*. Otro fragmento corto, *LINE1*, se repite cientos de miles de veces en el genoma humano y constituye el 17 % del mismo. En total, más de dos tercios de nuestro genoma están compuestos por cadenas de copias repetidas de secuencias sin función conocida. La duplicación en el genoma está desbocada.

Roy Britten publicó muchos de sus artículos científicos a los noventa años, hasta su muerte por cáncer de páncreas en 2012. Un año antes de su muerte, publicó un artículo con nuevos hallazgos en las *Actas de la Academia Nacional de Ciencias* con un título que habría hecho sonreír a Ohno: «Casi todos los genes humanos surgieron por duplicación».

Genes cursis

Barbara McClintock (1902-92) inició su carrera con el deseo de seguir los pasos de T. H. Morgan para comprender las bases de la genética. Por desgracia, cuando McClintock ingresó en la Universidad de Cornell, las mujeres no podían especializarse en genética, así que se matriculó en una «especialidad femenina» aprobada, horticultura. Sin embargo, McClintock al final se salió con la suya, ya que acabó formando parte de un equipo que abrió nuevos caminos en el estudio de la genética del maíz.

Como objeto de estudio, el maíz tenía una clara ventaja sobre las moscas de Morgan. Una sola mazorca de maíz puede tener hasta mil doscientos granos. McClintock sabía que eran ideales para el estudio genético, porque cada grano es un embrión separado, un individuo distinto.

La próxima vez que te propongas comer una mazorca de maíz, piensa que te estás comiendo más de mil criaturas genéticamente distintas. Para McClintock, cada mazorca de maíz era como un vivero en el que podía explorar la genética. Es más, el maíz viene en muchas variedades, con granos de distintos colores que van del blanco al azul, incluso moteado. Una mazorca de maíz puede ser la base de un experimento que abarque miles de individuos, de manera que los experimentos podrían ser rápidos, baratos y ricos en datos.

Barbara McClintock en un maizal.

McClintock comenzó su trabajo de forma muy parecida a la del equipo de Morgan, desarrollando técnicas para visualizar los cromosomas. A base de teñir el maíz con una serie de colorantes, fue capaz de cartografiar las regiones de los mismos con gran detalle mediante bandas claras y oscuras. Entonces tuvo suerte. Encontró una región del cromosoma del maíz en la que los cromosomas simplemente se rompían, como si hubiera algún defecto estructural en ese punto concreto. Se centró en esa región y la cartografió con gran detalle en cada grano de maíz. Para su sorpresa, descubrió que el punto de rotura estaba esparcido por todo el genoma. Este descubrimiento fue una de las grandes ideas de la historia de la genética: el genoma no es estático, sino que los genes pueden saltar de un lugar a otro.

McClintock no se detuvo ahí. Como investigadora cuidadosa y minuciosa que era, no dio a conocer al mundo este descubrimiento hasta que analizó sus implicaciones. Se preguntó si los genes saltarines tenían algún efecto sobre los propios granos. ¿Qué ocurriría si un gen saltaba y aterrizaba en el lugar de otro gen?

McClintock utilizó las propiedades especiales de los granos de maíz para encontrar la respuesta, de forma que el pigmento exterior se desarrollaba a medida que las células se multiplicaban. El proceso comenzaba con una sola célula que se divide continuamente. Si esa célula inicial es de un color determinado, por ejemplo, morado, todo el grano estará formado por sus células descendientes, todas ellas moradas. Sin embargo, imaginemos que, durante ese proceso, se produce un cambio genético en una célula, de modo que el gen púrpura adquiere una mutación. Las células hijas de esa célula en concreto no serán moradas, sino del color por defecto, que suele ser blanco. Esa célula blanca seguirá dividiéndose para producir un lote de células blancas. El resultado final será un grano mayoritariamente morado con una mancha blanca.

Rastreando las diferentes manchas de color en cada grano, McClintock podía ver dónde y cuándo se producían mutaciones en los genes del interior. Podía observar las mutaciones en cada grano y repetir la operación con miles de ellos en cada mazorca. McClintock estudió cientos de miles de mazorcas, cultivando el maíz para obtener diferentes colores con diferentes tipos de manchas. Descubrió que las mutaciones en los colores pueden activarse y desactivarse, y luego volver a activarse. Al estudiar los cromosomas, como habían hecho Bridges y Morgan, descubrió que las mutaciones se producían cuando la región del punto de ruptura cromosómico saltaba y se introducía en un gen pigmentario. Cuando se insertaba en un gen pigmentario, lo corrompía y el pigmento dejaba de producirse. Cuando saltaba fuera, el pigmento volvía a producirse. El genoma del maíz estaba repleto de genes que se copiaban a sí mismos, saltando de un lado a otro y creando diferentes manchas de color.

Tras dedicar décadas a este trabajo, McClintock presentó su idea de los genes saltarines en una charla en el laboratorio Cold Spring Harbor, donde trabajaba. A los expertos de la charla no podía importarles menos. La gente no la entendía, no la creía o pensaba que su descubrimiento era una excepción del maíz. McClintock describió su reacción: «Pensaban que estaba loca, totalmente loca».

El problema permaneció ahí durante décadas. Pero McClintock no se amilanó y cartografió los genes de salto en miles de mazorcas de maíz. Su actitud en aquel momento era: «Si sabes que tienes razón, no te importa. Sabes que tarde o temprano saldrá a la luz». Luego, en 1977, otros laboratorios encontraron pruebas de genes saltarines en bacterias, en ratones... en todas y cada una de las especies que analizaron. Al observar los propios genes, también se llevaron otra sorpresa. Nuestro genoma ha sido invadido por los genes saltadores, de forma que aproximadamente el 70 % está compuesto por ellos. Los genes saltarines son la norma, no la excepción. Esos fragmentos tan repetitivos de nuestro genoma, *ALU* y *LINE1*, ¿tienen millones de copias? Son genes saltadores que hacen copias de sí mismos y se insertan por todo el genoma. Roy Britten ya los había observado con sus elegantes, aunque rudimentarios, experimentos de los años sesenta.

McClintock ganó el Premio Nobel de Fisiología o Medicina en 1983 por su descubrimiento. En 1970, el Presidente Richard Nixon le concedió la Medalla Nacional de la Ciencia. Durante la ceremonia, Nixon ofreció un discurso confuso sobre de su objetivo científico, pero admitió que reconocía su impacto: «He leído [las explicaciones de su trabajo científico] y quiero que sepa que no las entiendo». Y continuó: «Pero quiero que sepa, también, que porque no los entiendo, me doy cuenta de lo enormemente importantes que son sus contribuciones para esta nación. Esa es, para mí, la naturaleza de la ciencia».

El genoma no es una entidad fija y estática, sino que está en continuo movimiento. Los genes pueden duplicarse y genomas enteros pueden copiarse. Los genes pueden hacer copias de sí mismos y saltar por el genoma.

Piensa en dos tipos de genes en el genoma: unos que tienen una función y fabrican una proteína, y otros que viven solo para saltar y hacer copias de sí mismos. ¿Qué ocurrirá con el tiempo? En igualdad de condiciones, los saltarines ocuparán partes cada vez mayores del genoma. Esta es una de las razones por las que dos tercios de nuestro genoma se componen de secuencias repetidas, como *LINE1* y *ALU*. Si no se les pone freno, tomarán el control. Lo único que detiene a estos parásitos es que, si se descontrolan por completo, podrían causar la muerte de su huésped y, con el tiempo, ellos también morirán. Los individuos portadores de genes saltarines completamente descontrolados morirán y no los transmitirán. Los genes egoístas y sus genes huéspedes están en continua tensión, incluso en guerra entre sí, ya que los genes egoístas viven solo para hacer copias de sí mismos y los genomas huéspedes luchan por contenerlos.

Como en el caso de Apple con Steve Jobs, la copia es la madre de la invención: el plagio en el genoma es la fuente de innumerables inventos genéticos. Al igual que en la tecnología, los negocios y la economía, la disrupción puede traer la revolución. Las células animales llevan miles de millones de años sufriendo alteraciones que, como veremos, pueden dar lugar a nuevas formas de vida.

6

LA BATALLA QUE SE LIBRA
EN NUESTRO INTERIOR

L as primeras semillas de mi trabajo se sembraron durante un ritual semanal que llevaba a çabo cuando era estudiante de posgrado en la década de 1980. Todos los jueves por la mañana subía cinco tramos de escaleras hasta un gran almacén del Museo de Zoología Comparada de Harvard. Este espacio, que albergaba la colección de aves, tenía suelos de madera que crujían y techos de seis metros de altura. Las paredes estaban forradas de armarios y estanterías llenos de esqueletos, plumas y pieles recogidos durante las expediciones de los siglos XIX y XX. El olor de las bolas de naftalina que protegían las pieles flotaba en el aire. La historia también impregnaba el lugar, tanto para la ornitología como para la ciencia en su conjunto. Ese vínculo con el pasado fue lo que me atrajo: mis peregrinaciones eran para reunirme con el conservador de aves de ochenta años, Ernst Mayr, ya jubilado.

A mediados de la década de 1980, Mayr era uno de los últimos miembros vivos de una generación de genetistas, paleontólogos y taxónomos que habían definido el campo de la biología evolutiva a mediados del siglo XX. El papel de Mayr en este logro científico consistió en escribir uno de los libros clásicos de la época, *Animales, especies y evolución,* un inmenso tomo que guio la investigación de una generación de científicos sobre la formación de nuevas especies.

Cada semana llegaba con una pregunta y compartía una taza de té con este gran hombre mientras hablaba de la historia del campo y ofrecía opiniones enérgicas sobre las ideas y personalidades que le dieron forma. Antes de cada visita, rebuscaba en mi bibliografía hasta encontrar un buen tema que sirviera de base a sus recuerdos. Transportado en el tiempo y en el espacio por sus relatos, me sentí increíblemente afortunado de tener un trabajo tan increíble al principio de mi carrera.

Un jueves llegué con un libro, *La base material de la evolución,* del científico alemán Richard Goldschmidt, una reedición en rústica de un volumen publicado por primera vez en 1940. Cuando se lo enseñé a Mayr, vi cómo su cara se ponía roja y sus ojos me fulminaban con una mirada glacial. Se levantó, se quedó quieto y ni siquiera reconoció mi presencia durante un intervalo que me pareció interminable. Aunque desconocía el motivo, acababa de cruzar una línea oculta y estaba casi seguro de que podía despedirme de mis tés de los jueves.

Mayr se dirigió en silencio a un viejo archivador de madera y rebuscó en su contenido. Volvió con una reimpresión amarillenta de uno de los artículos de Goldschmidt, lo puso sobre la mesa y me dijo: «Escribí mi libro en respuesta a la chorrada que ponía en la primera frase de un párrafo al final de este». Siguiendo su ejemplo, hojeé el periódico hasta llegar a la página 96. Era inconfundible; en ella había más comentarios enfadados al margen que texto original.

Habían transcurrido tres décadas y media entre la publicación del artículo de Goldschmidt y la furia de Mayr. ¿Cómo pudo una sola frase, por no hablar de una idea, evocar tanta pasión y catalizar un libro de 811 páginas, que a su vez provocó tantas carreras enteras de investigación?

La cuestión era cómo los cambios en los genes podían dar lugar a nuevos inventos en la historia de la vida. La opinión convencional era que los inventos surgen gradualmente con el tiempo, con pequeños cambios genéticos en cada paso. Esta idea estaba respaldada por un corpus tan amplio de trabajos teóricos y de laboratorio que casi se daba por sentada. El estadístico británico sir Ronald A. Fisher dedujo esta idea matemáticamente en la década de 1920 cuando trataba de vincular el campo emergente de la genética con la evolución darwiniana. Parte de la lógica se basa en la idea de que, si se introduce un cambio aleatorio en un sistema, es más probable que los grandes cambios sean malos, a menudo catastróficos, que los pequeños.

Tomemos, por ejemplo, un avión. Cualquier cambio aleatorio que se aparte drásticamente de la norma conducirá casi con toda seguridad a un avión que no pueda volar. Cambiar al azar la forma de la carrocería, la posición, la forma o el diseño de los motores, o la configuración de las alas, puede dar lugar a un monstruo en tierra. Sin embargo, los pequeños retoques, como el color de los asientos o pequeñas alteraciones en el tamaño, tienen menos probabilidades de ser nefastos. De hecho, tienen más posibilidades de aumentar el rendimiento que los grandes cambios, aunque sean mínimos. Este tipo de pensamiento dominó el campo de la biología evolutiva durante años, hasta el punto de que cuestionarlo era como negar que la gravedad hace que las manzanas caigan de los árboles.

Goldschmidt, un refugiado de la Alemania nazi, entró en el mundo académico en Estados Unidos tras haber estudiado las mutaciones durante décadas. Después de su traslado a Norteamérica, se coló en la fiesta de la genética, aparentemente despreocupado por el statu quo. Estaba fascinado por los mutantes con dos cabezas o segmentos corporales extra, como los que Calvin Bridges estaba descubriendo, y pensó que una gran transformación podría producirse en un solo paso con una sola mutación dramática. El dramatismo de esta idea queda reflejado en una de las frases más famosas de Goldschmidt, la que más enfureció a Mayr: «El primer pájaro nació de un huevo de reptil». En su opinión, las revoluciones biológicas se producían con una sola mutación en una generación.

Los mutantes de Goldschmidt recibieron un nombre: «monstruos prometedores». Eran monstruos porque diferían radicalmente de la norma y prometedores porque eran la semilla de toda una revolución en la historia de la vida. En el mundo de las plantas, donde los cambios en el número de cromosomas podían dar lugar a nuevas especies de una sola vez, la idea de Goldschmidt no era controvertida. Para los animales, sin embargo, las cosas eran muy distintas.

El ataque a las ideas de Goldschmidt fue inmediato y feroz. Las críticas más importantes cuestionaban las posibilidades de que un monstruo prometedor pudiera ser viable y, en última instancia, reproducirse. En primer lugar, la mutación tendría que producir una descendencia viable y fértil. Por aquel entonces era bien sabido que la mayoría de las mutaciones, por no hablar de los más dramáticos, producían criaturas estériles o que morían antes de poder dar descendencia. Aunque un mutante sobreviviera y fuera fértil, su destino seguiría siendo incierto. No serviría de nada que solo hubiera un mutante en una población: tendría que encontrar una pareja que también tuviera la mutación. Para que el monstruo de Goldschmidt diera lugar a una gran revolución en un solo paso, tendría que producirse una cadena de acontecimientos improbables: una mutación importante tendría que dar lugar a un adulto viable; tendría que ocurrir en machos y hembras de forma simultánea, y algunos de esos individuos tendrían que ser capaces de encontrarse, aparearse y criar su propia descendencia, que a su vez tendría que ser capaz de reproducirse.

Cuando estudié biología en los años setenta, la reputación de Goldschmidt seguía siendo estando a caballo entre paria y hereje, como alguien que se había atrevido a publicar un punto de vista tan obviamente erróneo. No solo lo publicó, sino que parecía disfrutar de su papel de opositor y pasó las últimas décadas de su carrera defendiendo a sus monstruos prometedores, a menudo para el ridículo público.

Mayr, Goldschmidt y sus contemporáneos debatían una de las cuestiones centrales de la diversidad de la vida: cómo se producen los grandes cambios evolutivos. Aunque los monstruos de Goldschmidt eran inverosímiles, aún quedaban muchas preguntas que resolver. La cuestión no era el cambio gradual; los biólogos sabían desde hacía tiempo que pequeños cambios genéticos incrementales podían dar lugar a revoluciones masivas a lo largo de millones de años de tiempo geológico. El registro fósil, sin embargo, plantea un enigma más profundo. Tomemos, por ejemplo, el origen de un esqueleto, uno de los mayores acontecimientos de la historia de nuestra especie. Durante millones de años, los antepasados de los gusanos vivieron sin huesos en el interior de sus cuerpos. El hueso tiene una estructura característica, con capas de células muy organizadas que fabrican las proteínas y cristales distintivos que aportan rigidez al esqueleto y regulan sus formas de crecimiento. El origen del esqueleto permitió a nuestros antepasados hacerse más grandes y tener un cuerpo rígido para encontrar presas, evitar a los depredadores y desplazarse. Este invento surgió gracias a la aparición de un nuevo tipo de célula, capaz de producir las proteínas necesarias para fabricar esqueletos, nutrirlos y ayudarlos a crecer. Pero los distintos tipos de tejidos (piel, nervios o huesos) están formados por células que producen cientos de proteínas diferentes. Las células nerviosas se distinguen de las esqueléticas porque numerosas proteínas les confieren la capacidad de conducir impulsos nerviosos. Estas, por supuesto, faltan en el esqueleto y en las células que lo construyen. Del mismo modo, el cartílago, el tendón y el hueso están hechos de proteínas que las células nerviosas no producen. Y el esqueleto es solo un ejemplo: en los casi 600 millones de años de historia de la vida animal se originaron cientos de tejidos nuevos que permitieron nuevas formas de alimentarse, digerir, moverse y reproducirse.

Y aquí está el reto: el origen de nuevos tejidos y células a partir de los de los antepasados requiere una serie de cambios en cientos de genes. ¿Cómo podrían surgir nuevas células y tejidos si para ello deberían producirse multitud de mutaciones distintas en todo el genoma y al mismo tiempo? Si las probabilidades de que se produzca una mutación incremental son relativamente pequeñas, piensa en la imposibilidad de que se produzcan cientos de ellas a la vez. Sería como ganar el premio gordo no solo en una ruleta, sino en todas las ruletas de un casino al mismo tiempo.

Células preñadas de significado

Es difícil no reconocer a mi colega de la Universidad de Chicago Vinny Lynch en el gimnasio: luce varios tatuajes de distintas especies en brazos y piernas, y destaca incluso entre los universitarios tatuados. Una serie de libélulas y peces en una escena fluvial pueblan sus apéndices.

La escena del río es un homenaje al ecosistema del río Hudson que alimentó su afición por la ciencia durante la infancia. Al crecer en una ciudad a orillas del río, estaba fascinado por las criaturas que vivían en su zona. Documentar, dibujar y leer sobre distintos animales le transportaba a otro mundo. Por desgracia, su curiosidad por la diversidad de la vida no le aportó éxito escolar. Era un fracasado porque, como él decía, «no escuchaba las clases», sino que se quedaba mirando por la ventana a los pájaros y los insectos.

Afortunadamente, una profesora de biología se dio cuenta de sus ensoñaciones y le dejó sentarse al fondo de la clase con libros y guías de campo sobre los que le interrogaría más tarde. Esta experiencia le impulsó a estudiar biología. Desde entonces se ha pasado la vida estudiando cómo se produce la diversidad animal: no solo cómo viven, comen y se mueven los animales, sino cómo surgieron a lo largo de millones de años a partir de sus antepasados lejanos. Y su especialidad es aplicar la alta tecnología a estas profundas cuestiones.

El progreso en biología consiste tanto en definir la pregunta correcta como en encontrar un sistema experimental donde usarla. T. H. Morgan encontró pistas sobre genética en las moscas, mientras que Barbara McClintock llegó a comprender el funcionamiento de los genes en el maíz. Por su parte, Vinny Lynch encontró en las células deciduales estromales pistas sobre las grandes revoluciones de la historia de la vida.

A Lynch le brillan los ojos cuando describe las células estromales deciduales. Cuando charlamos por primera vez sobre ellas, me dijo con efusividad que son unas de las «células más bellas del cuerpo». Admito que suena bastante friki, pero, una vez que las vi al microscopio, estuve de acuerdo. A mayor aumento, la mayoría de las células parecen puntitos normales. Estas no. Con grandes cuerpos rojos y un rico tejido conjuntivo, parecen casi exuberantes, si se puede aplicar ese término a las células.

Para Lynch, la belleza de las células estromales deciduales no es solo estética, sino científica. Son una ventana al origen de uno de los grandes inventos de la historia de la vida: el embarazo. La mayoría de los peces, aves y reptiles, incluso los mamíferos más primitivos, nacen de huevos y no tienen ningún tipo de embarazo, en el que el embrión se desarrolla dentro de la madre y comparte su riego sanguíneo. Tampoco tienen células estromales deciduales.

El embarazo parece a la vez completamente natural y absolutamente milagroso. Los espermatozoides se desplazan por el útero y las trompas de Falopio hasta llegar al óvulo; entonces, un espermatozoide (en raras ocasiones, más) penetra en el óvulo y desencadena una reacción en cadena de acontecimientos. Los genomas del espermatozoide y del óvulo se fusionan y ambos se convierten en una sola célula. Con el tiempo, esa célula da lugar a un cuerpo formado por billones de células, todas ellas colocadas en el lugar adecuado. Se forman una placenta y un ombligo para conectar a la madre y al feto, que se aloja en el útero. Para que el útero pueda albergar al feto, es necesario que se formen un conjunto de nuevas estructuras.

La fecundación también provoca una cascada de cambios en el cuerpo de la madre. En el útero se forman células

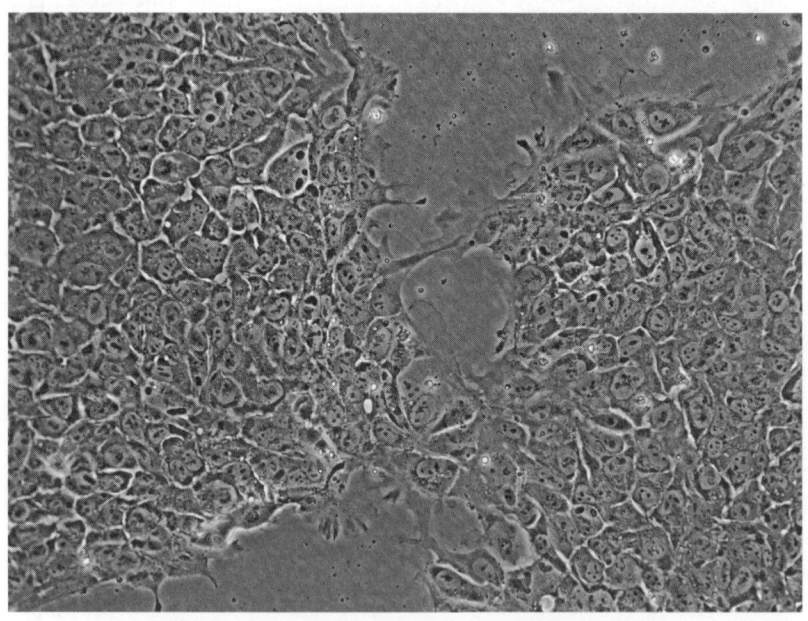

Una célula preciosa: las células estromales deciduales.

especializadas que conectan al feto con la madre, conectando sus suministros sanguíneos. Estas células enmascaran el hecho de que el feto es un alienígena dentro de la madre, con una aportación de genes y proteínas del padre. Siempre existe el riesgo de que el sistema inmunitario de la madre emprenda una misión de búsqueda y captura de las proteínas paternas y acabe matando al feto, así que unas células especializadas amortiguan esas diferencias. La célula que realiza gran parte de esta magia, desde amortiguar la respuesta inmunitaria de la madre hasta canalizar los nutrientes al feto, es la célula estromal decidual.

El desencadenante que produce estas células e inicia muchos de los cambios en el útero es un pico de la hormona progesterona en el torrente sanguíneo de la madre. Cada mes, la progesterona aumenta en el torrente sanguíneo de la madre y el útero se prepara para el embarazo. Cuando la progesterona entra en contacto con las células del útero, esta hace que se multipliquen y cambien, provocando que el revestimiento del útero, el endometrio, se vuelva más grueso. El aumento de los niveles de progesterona hace que un conjunto de células conocidas como fibroblastos se transformen en células estromales deciduales. Si ese mes no se produce el embarazo, las células simplemente se desprenden. Por el contrario, cuando se produce el embarazo, los ovarios empiezan a producir progesterona, las células y el medio celular que recubre el útero siguen creciendo, y las células estromales deciduales se forman y empiezan a hacer su trabajo.

La fascinación de Lynch por estas células surgió de una charla científica a la que asistió en Texas cuando era estudiante de posgrado en la Universidad de Yale. Un investigador, hablando sobre el embarazo, mostró unas diapositivas de células estromales deciduales. Lynch se enteró de que estas células tenían una propiedad especial: se podían fabricar en una placa. El investigador había descubierto que, si tomaba fibroblastos normales de cualquier parte del cuerpo, los ponía en una placa de Petri y les añadía un cóctel de progesterona y otras sustancias químicas, podía producir células estromales deciduales normales. Sin que Lynch lo supiera en aquel momento y por pura coincidencia, todo este trabajo se estaba realizando en Yale, en el edificio contiguo al suyo.

Lynch aprendió rápidamente a producir células estromales deciduales en el entorno controlado del laboratorio. Ahora podía sondear sus genomas para ver cómo habían surgido hace millones de años. Disponía de una nueva tecnología muy potente, que utiliza secuenciadores de genes increíblemente rápidos. Con esta tecnología, podía observar una célula o un tejido entero y ver la secuencia de cada uno de los genes activos en él, todos a la vez.

Piensa en lo que puede hacer una tecnología como esta. Si las diferencias entre las células surgen de los genes activos en cada una de ellas, identificar la constelación de genes activados en las distintas células se convierte en uno de los objetivos fundamentales de la búsqueda para comprender qué hace que cada célula sea distinta. Recordemos que una célula nerviosa se diferencia de una ósea porque en cada una de ellas se producen proteínas diferentes a partir de genes distintos. Del mismo modo, una célula estromal decidual se distingue de un fibroblasto por los genes activos en su interior. Lynch podía observar una célula y compararla con otra para plantearse preguntas fundamentales, como: ¿cuáles son las diferencias en la actividad de los genes entre las dos células? ¿Es un solo gen el que las diferencia o son varios los que actúan conjuntamente y, en caso afirmativo, cuáles son?

Lynch tomó un conjunto de fibroblastos, los colocó en una placa, les administró progesterona y los convirtió en células estromales deciduales. Luego observó qué genes se activaban. El resultado fue tan sorprendente como formidable. El origen de las células estromales deciduales no implicaba la activación de un único gen, ni siquiera de un puñado de ellos. Más bien, cientos de genes se activaban al mismo tiempo.

Las células estromales deciduales son exclusivas de los mamíferos: ninguna otra criatura las tiene. Su origen es una parte fundamental del origen del propio embarazo. Sin embargo, ahí radica el problema. Si el origen de este único tipo de célula implicara la activación simultánea de cientos de genes, ¿cómo podría producirse el embarazo? Se necesitarían cientos de mutaciones simultáneas en todo el genoma.

Para responder a sus preguntas, Lynch tendría que examinar cada uno de los cientos de genes que forman las células estromales deciduales. Para considerar el siguiente paso de Lynch, tenemos que detenernos a pensar qué haría que los genes se activaran para transformar una célula en una célula estromal decidual. Recordemos que existen interruptores moleculares en el genoma que, en las circunstancias adecuadas, pueden activar y desactivar los genes. La mayoría de estos interruptores se encuentran justo al lado de los genes que activan. Dado que la progesterona es el desencadenante de la formación de células estromales deciduales, podríamos suponer razonablemente que los interruptores deberían responder a ella. Los interruptores genéticos deberían estar ligados a una secuencia que reconocer la progesterona. En presencia de progesterona, el interruptor se activaría y el gen produciría la proteína.

Esta idea dio a Lynch las pistas que necesitaba para sondear el genoma. Podía buscar la marca de los interruptores genéticos que tuvieran, como parte de su secuencia, una región que reconociera la progesterona. Esta región tendría una secuencia a la que podría unirse la hormona, así que, con un poco de suerte, podría encontrarlos en una comparación de sus genes dentro de las bases de datos informáticas.

Y eso fue exactamente lo que descubrió. Casi todos los cientos de genes que producen células estromales deciduales tenían un interruptor que respondía a la progesterona. Este descubrimiento, aunque interesante, no sirvió para responder a la pregunta que había metido a Lynch en todo esto. De algún modo, durante el origen del embarazo, cientos de genes tienen que activarse en respuesta a la progesterona. Dado que cientos de genes se activan en respuesta a la progesterona, cientos de interruptores que responden a la progesterona tienen que existir a lo largo del genoma, cerca de cada gen que es activado por la hormona. No se trataba de una simple mutación del ADN, como cambiar una sola letra del código. Lynch estaba viendo un lote de letras que tenían que cambiar simultáneamente en cientos de lugares a lo largo del genoma para crear células estromales deciduales. Lo que parecía inverosímil se volvió entonces imposible.

Como cada nuevo experimento provocaba que el origen de las células pareciese todavía más improbable, Lynch volvió a la estructura de los propios interruptores genéticos. ¿Quizá había algo que todos compartieran que pudiera ofrecer una explicación a todo esto? Examinó detalladamente las secuencias y utilizó un algoritmo informático para ver si había algún patrón común. Apareció una secuencia genética sencilla, compartida prácticamente por todos los interruptores. Tras analizar la secuencia, en una enorme base de datos de todas las secuencias conocidas, encontró la respuesta: cada interruptor genético tenía la firma reveladora de un gen saltador, el tipo de gen que McClintock encontró por primera vez en el maíz. Estos genes, como vimos antes, hacen copias de sí mismos para insertarse por todo el genoma. McClintock los había visto como grandes disruptores, es decir, que cuando saltan y se insertan en otro gen, pueden alterar la función de ese gen y provocar una patología. Sin embargo, Lynch vio algo más.

Esta simple vinculación hizo posible una invención compleja y aparentemente imposible. Cientos de genes no tenían por qué mutar de forma independiente. Lynch vio que se producía una mutación en un único gen saltador, de forma que una secuencia regular se convertía en un interruptor que respondía a la progesterona. A continuación, la mutación se extendió por todo el genoma a medida que el gen saltador se duplicaba, saltaba y aterrizaba en nuevos lugares. Los genes saltarines distribuyeron los interruptores por todo el genoma con gran rapidez. Cuando aterrizaban junto a un gen, este se activaba en respuesta a la progesterona. De este modo, cientos de genes adquirieron la capacidad de activarse durante el embarazo. Un cambio genético, que implicaba la coordinación de cientos de genes, podía producirse no por cientos de mutaciones independientes, sino por el salto de genes portadores de una única mutación por todo el genoma. De este modo, los cambios genéticos podrían propagarse muy rápidamente a medida que los genes saltan, hacen copias de sí mismos y aterrizan en diferentes lugares.

Los genes saltarines son los elementos egoístas por excelencia: pueden duplicarse y saltar para propagarse y multiplicarse por el genoma. Lynch descubrió que, en ocasiones, los genes saltarines podían ser portadores de mutaciones útiles que hacen cosas radicalmente nuevas.

Hay una guerra dentro del genoma, entre los genes saltarines y el resto de nuestro ADN. Esa tensión entre un gen egoísta y las fuerzas que se esfuerzan por controlarlo se da en los genomas todos los días. Resulta que el ADN tiene mecanismos ocultos para controlar los genes saltarines. Uno de ellos consiste en una pequeña secuencia de ADN que funciona como un cazador-asesino, capaz de silenciar los genes saltarines al unirse a la parte del gen que lo hace saltar y, a continuación, envolverlo literalmente en proteínas para que no pueda saltar. De este modo, el gen se queda quieto. Este mecanismo de silenciamiento puede controlar los genes saltarines e impide que tomen el control hasta el punto de perturbar el funcionamiento del genoma. También puede servir para domesticar los genes saltarines. Si un gen saltador contiene una secuencia potencialmente útil, el ADN cazador-asesino puede neutralizar la capacidad de salto y hacer que se quede para desempeñar una nueva función. Puede silenciar la parte saltadora, pero conservar la mutación útil.

Eso es lo que Lynch descubrió con sus interruptores: cada uno de los interruptores que formaban las células estromales deciduales tenía una secuencia especial que parecía provenir de un gen saltarín. Sin embargo, este gen era un poco diferente del resto, ya que le faltaba un pequeño tramo de ADN y no cualquier ADN: el ADN que hacía que el gen saltara. Era como si el código estuviera pirateado para impedir que el gen saltara y se mantuviera en su sitio, e hiciera su trabajo de producir células estromales deciduales. Con los resortes cortados, el gen que ya no saltaba se ponía a trabajar donde le correspondía.

Lo que Lynch vio en el embarazo fue la clave para entender un mundo mucho más amplio. Los genomas están en guerra consigo mismos: los genes saltarines y los genes que intentan contenerlos. De esta lucha surge la invención, donde una sola mutación puede propagarse por el genoma y, con el tiempo, provocar una revolución.

Estos cambios distan mucho de los monstruos prometedores de Goldschmidt. Una mutación revolucionaria no tiene por qué surgir en un solo paso. Un cambio incremental puede surgir en un lugar del genoma y, si está ligado a un gen saltarín, propagarse y amplificarse con el tiempo en generaciones posteriores.

Pero la guerra dentro del genoma se extiende aún más. Y el embarazo, de nuevo, revela cómo.

Hackeando a los hackers

En la placenta, justo en el límite entre el feto y la madre, hay una proteína que desempeña un papel muy especial. Se le conoce como sincitina y actúa como una especie de policía de tráfico molecular en el intercambio de nutrientes y productos de desecho entre la madre y el feto. Varias pruebas demuestran que esta proteína es vital para la salud del embrión. Cuando un grupo de científicos creó un ratón con un gen defectuoso de la sincitina, los ratones crecieron y vivieron con normalidad, pero no pudieron reproducirse. Tras la fecundación, la placenta no se formaba y el embrión no sobrevivía. Al carecer de sincitina, la madre no podía fabricar una placenta funcional y el embrión no tenía forma de obtener nutrientes. Los defectos en la sincitina también pueden causar una amplia gama de problemas en el embarazo en las personas. Las mujeres con preeclampsia tienen un gen de la sincitina defectuoso; producen la proteína, pero no puede hacer bien su trabajo. Esto desencadena una reacción en cadena en la placenta que provoca una presión arterial peligrosamente alta.

Un laboratorio de bioquímica francés empezó a estudiar la estructura de la proteína explorando la secuencia del ADN que la compone. Como vimos con el trabajo de Lynch, una vez secuenciado un gen, el código puede ejecutarse en un ordenador y compararse con las bases de datos que contengan otros genes de seres vivos. Estos sistemas de reconocimiento de patrones comprueban tanto el gen por completo como pequeños tramos del mismo en busca de similitudes con otros genes que hayan sido secuenciados. En las últimas décadas, las bases de datos se han llenado con millones de secuencias de proteínas y genes de todo tipo, desde microbios hasta elefantes. Estas comparaciones han revelado que muchos genes forman parte de las familias de genes duplicados que vimos en el Capítulo 5. En el caso de la sincitina, los investigadores buscaban similitudes con otras proteínas que pudieran dar pistas sobre cómo funciona la sincitina durante el embarazo.

Las búsquedas revelaron un enigma. La base de datos mostró que la sincitina no tenía ningún tipo de similitud con otra proteína de ningún otro animal. Tampoco se parecía a nada que tuvieran las plantas o las bacterias. La coincidencia informática fue tan desconcertante como sorprendente: la secuencia de la sincitina se parecía casi a un virus y era idéntica en algunas partes al VIH, el virus que causa el sida. ¿Por qué tendría un virus como este alguna similitud con una proteína de los mamíferos, por no hablar de una que es una parte esencial del embarazo?

Antes de explorar la sincitina, los investigadores tuvieron que convertirse en expertos en virus. Los virus son parásitos moleculares enrevesados; tienen genomas despojados de todo menos de la maquinaria necesaria para la infección y la reproducción. Invaden las células, penetran en el núcleo y se introducen en el propio genoma. Una vez en el ADN, toman el control y utilizan el genoma del huésped para hacer copias de sí mismos y producir proteínas virales en lugar de las del huésped. Con esta infección, una sola célula huésped se convierte en una fábrica para fabricar millones de virus. Para que un virus como el VIH se propague de una célula a otra, fabrica una proteína que hace que las células del huésped se peguen entre sí, de forma que la proteína una las células y cree vías para que el virus se desplace de una célula a otra. Para ello, la proteína se sitúa en la interfaz entre las células y controla el tráfico entre ellas. ¿Te suena familiar? Debería, porque la sincitina hace lo mismo en la placenta humana. La sincitina une las células de la placenta y controla el tráfico de moléculas entre las células fetales y maternas.

Cuanto más investigaban, más descubría el equipo que la sincitina es esencialmente una proteína vírica que ha perdido su capacidad de infectar otras células. Estas similitudes entre una proteína de mamífero y un virus condujeron al equipo a idear una nueva hipótesis. En algún momento del pasado remoto, un virus invadió el genoma de nuestros antepasados. Ese virus contenía una versión de la sincitina. En lugar de apoderarse del genoma de nuestros antepasados para hacer infinitas copias de sí mismo, el virus fue castrado, perdiendo su capacidad de infección y fue puesto a trabajar por el genoma. Nuestro genoma está en guerra continua con los virus. En este caso, por mecanismos que aún no comprendemos, la parte infecciosa del virus fue eliminada, que pasó a fabricar sincitina para la placenta. Los virus trajeron la proteína al genoma y el genoma del atacante fue *hackeado* para que fuera útil al huésped.

A continuación, los científicos examinaron la estructura de la sincitina en distintos mamíferos y descubrieron que la versión de los ratones es diferente de la de los primates. Al comparar las bases de datos, vieron que las responsables de las sincitinas de los distintos mamíferos provienen de diferentes invasiones víricas. La versión de los primates surgió cuando un virus penetró en el ancestro común de todos los primates vivos. La sincitina de los roedores y otros mamíferos surgió de un acontecimiento diferente, que dio lugar a sus propias versiones de la sincitina. El resultado final es que primates, roedores y otros mamíferos tienen diferentes sincitinas derivadas de diferentes invasores.

Nuestro ADN no es enteramente una herencia de los antepasados, sino que algunos de los invasores virales que entraron en nuestro organismo acabaron siendo domesticados y se pusieron a trabajar. Las batallas de nuestros antepasados contra estos invasores han sido una de las muchas raíces de la invención.

Recuerdos de zombis

Cuando Jason Shepherd vivía de pequeño en Nueva Zelanda y Sudáfrica, acosaba tanto a su madre con preguntas que ella acabó diciéndole que tenía que hacerse científico para encontrar sus propias respuestas. Cuando terminó el bachillerato, había decidido estudiar medicina. Empezó un programa intensivo que le proporcionaría una formación médica básica en pocos años. En el primer año del programa, encontró el clásico de Oliver Sacks *El hombre que confundió a su mujer con un sombrero*. Ese libro le cambió la vida. Inspirado por Sacks, abandonó el programa y emprendió una nueva carrera para estudiar las moléculas y células que hacen funcionar nuestro cerebro. Su búsqueda, como él mismo la describe, se convirtió en averiguar qué nos hace humanos. La memoria y la pérdida de esta se convirtieron en el objetivo científico de Shepherd. Nuestra capacidad para recordar el pasado define en gran medida cómo aprendemos, nos relacionamos con los demás y nos desenvolvemos en el mundo. No se trata de un tema esotérico. Uno de los grandes retos a los que nos enfrentamos como sociedad son las enfermedades neurodegenerativas. A medida que nuestra esperanza de vida se alarga, el envejecimiento del cerebro constituye una barrera cada vez más crítica. La pérdida de memoria y de la función cognitiva son lacras con límites emocionales, sociales y financieros incalculablemente grandes.

En su último año de universidad, Shepherd buscaba un tema para un curso de neurobiología y se topó con un artículo sobre un gen llamado *Arc* que parecía estar implicado en la creación de recuerdos. En los ratones, el *Arc* se activa cuando las criaturas aprenden. Además, está activo en el cerebro, en los espacios entre las distintas células nerviosas. *Arc* parecía ser un gen importante para la memoria.

Pocos años después de que Shepherd hubiera terminado la universidad, la tecnología había evolucionado hasta el punto de que los investigadores podían crear ratones que carecían del gen *Arc*. Los ratones sobrevivieron, pero tenían una serie de defectos. Cuando se les ofrecía un laberinto con queso en el centro, podían resolverlo, pero no podían recordar su estructura al día siguiente. Esto es algo que los ratones con una memoria normal pueden hacer a menudo. Prueba tras prueba, los ratones revelaron un déficit específico en la formación de recuerdos. Se sabe que las mutaciones de *Arc* en humanos están asociadas a una serie de trastornos neurodegenerativos, desde el Alzheimer a la esquizofrenia.

La memoria y el gen *Arc* se convirtieron en el centro de la carrera de Shepherd. Fue a la escuela de posgrado para estudiar el *Arc* con uno de los primeros biólogos que habían explorado su papel en el comportamiento. Después de graduarse, realizó su formación postdoctoral con el científico que descubrió dónde se encuentra el gen *Arc* en el genoma. Shepherd tenía a *Arc* en el cerebro, tanto en sentido literal como figurado.

Creando su propio laboratorio como científico independiente en la Universidad de Utah, Shepherd ideó distintos experimentos para entender cómo funciona la proteína de *Arc*. Estaba claro que interviene en la transmisión de señales de una célula nerviosa a la siguiente y que esa señal es importante en la memoria y el aprendizaje. Quizá podría encontrar respuestas a sus preguntas si purificaba la proteína y analizaba después su estructura.

La purificación de una proteína implica una serie de pasos para eliminar todo lo que hay en una célula excepto la proteína en cuestión. El proceso comienza con la maceración química del tejido —en este caso, el cerebro— en fluidos, que luego se tratan sucesivamente para aislar la proteína deseada de todas las demás presentes. Esta sopa de proteínas se hace pasar por una serie de tubos, cada uno de los cuales extrae diferentes contaminantes. En uno de los últimos pasos, el fluido se hace pasar por una columna de vidrio rellena de un gel especial. El gel elimina los contaminantes finales y otras proteínas, y el fluido que lo atraviesa solo contiene la proteína purificada. Shepherd pasó por cada uno de los pasos, obteniendo pequeñas cantidades de líquido para procesar a lo largo del proceso. Vertió el líquido en la última columna de vidrio y... nada. No salió nada de la columna. Cambió el gel por un nuevo lote. Tampoco salió nada. Estaba claro que algo la obstruía. El equipo probó nuevas columnas, pero los tubos seguían obstruidos. Probaron con concentraciones de distintos fluidos, pero los atascos persistían.

Entonces, el técnico de laboratorio de Shepherd tuvo una corazonada. Quizá había algo especial en la proteína *Arc* que obstruía las columnas. En lugar de ser un artefacto, tal vez esto decía algo sobre la estructura de la propia molécula *Arc*. Shepherd y su ayudante llevaron los fluidos obstruidos a un microscopio electrónico, donde pudieron ver la estructura de las proteínas aumentadas a nivel ultraelevado en una pantalla de ordenador. La estructura era tan sorprendente que Shepherd exclamó al verla: «¿Qué demonios está pasando?»

El *Arc* estaba formando esferas huecas y estas eran tan grandes que se atascaban en los espacios del interior del filtro de gel. Había visto versiones de estas esferas antes en su formación de premédico. La estructura de las esferas era idéntica a las que forman algunos virus cuando pasan de una célula a otra para infectarlas.

Shepherd trabajaba en el ala de investigación del Centro Médico de la Universidad de Utah, así que cruzó el edificio para visitar a un equipo que estudia el virus que causa el VIH. El VIH se desplaza de célula a célula formando una cápsula proteica que transmite su información genética. Al mostrar las imágenes microscópicas al equipo de virología, Shepherd dejó que los científicos averiguaran qué eran esas curiosas esferas. Los investigadores del VIH pensaron que procedían de un virus como el VIH. No pudieron encontrar ninguna diferencia entre la cápsula *Arc* y las fabricadas por el virus VIH. Ambas estaban formadas por cuatro cadenas diferentes de proteínas y ambas tenían la misma estructura molecular, incluso compartían la misma arquitectura atómica de curvas y pliegues. Igual que los anatomistas estudian y dan nombre a los huesos, los bioquímicos también tienen sus nombres para las estructuras. Una curva en la estructura molecular conocida como dedo de zinc es una característica del VIH. El *Arc* también lo tenía.

Quedó claro que la proteína *Arc* era prácticamente idéntica al virus del VIH. Y ambas moléculas funcionaban exactamente igual: transportaban pequeños fragmentos de material genético de una célula a otra. La sincitina, como hemos visto, también se parece al VIH, aunque de forma diferente.

En colaboración con varios genetistas, el equipo de Shepherd cartografió la estructura del ADN del *Arc* y rastreó las bases de datos de genomas del reino animal en busca de otras criaturas que lo tuvieran. Al rastrear la estructura y la distribución del gen, surgió una historia de antiguas infecciones. Todos los animales terrestres tienen el gen *Arc*, pero los peces no. Esto significa que hace unos 375 millones de años un virus entró en el genoma del ancestro común de todos los animales terrestres. A mí me gusta pensar que fue un pariente cercano de *Tiktaalik* el que contrajo la primera infección. Una vez que el virus se unió al huésped, este descendiente adoptó la capacidad de fabricar una proteína especial, una versión del *Arc*. Normalmente, la proteína se utilizaría para permitir que el virus se mueva de célula a célula y se propague. Pero, en este caso, debido al lugar por el que el gen entró en el genoma del pez, esa proteína se activó en el cerebro y potenció los recuerdos. Los individuos con el virus fueron los receptores de un regalo biológico. El virus fue *hackeado*, castrado y domesticado para activar una nueva función en los cerebros. Nuestra capacidad para leer, escribir y recordar los momentos de nuestra vida se debe a una antigua infección vírica que se produjo cuando los peces dieron sus primeros pasos en tierra.

Entusiasmado por presentar sus resultados, Shepherd acudió a una conferencia sobre neurociencia y comportamiento. Antes de hablar, escuchó a una científica que trabaja con moscas de la fruta, que demostró que las moscas también tienen el *Arc*. El *Arc* de la mosca, igual que el nuestro, actúa en los espacios entre neuronas. Además, el *Arc* de las moscas forma cápsulas huecas que transportan moléculas de una célula nerviosa a la siguiente. Sin embargo, el *Arc* de las moscas parece un virus diferente al de los animales terrestres; el suyo procede de un encuentro distinto con los virus.

¿Cómo consigue un genoma domesticar un virus y ponerlo a trabajar en lugar de dejarse infectar? La respuesta no está clara, pero hay muchas formas diferentes de que esto ocurra. Piensa por un momento en cómo responde un virus y su huésped en diferentes circunstancias. Si el virus es muy infeccioso, el huésped morirá y el virus no pasará de generación en generación. Si el virus es relativamente benigno, o beneficioso, entrará en el genoma y se quedará allí. Si acaba llegando al genoma de un espermatozoide o de un óvulo, el virus transmitirá su genoma a la descendencia. Con el tiempo, si el virus tiene un efecto muy beneficioso, por ejemplo, haciendo que las criaturas tengan placentas más eficientes o una mejor memoria, la selección natural puede perfeccionarlo para que permanezca allí y haga su trabajo de forma cada vez más eficiente.

El genoma está hecho de material de películas baratas, como un cementerio lleno de fantasmas. Hay trozos de antiguos fragmentos víricos por todas partes: según algunas estimaciones, el 8 % de nuestro genoma está compuesto por virus muertos, más de cien mil según el último recuento. Algunos de estos virus fósiles han conservado una función, como la de fabricar proteínas útiles en el embarazo, la memoria y otras innumerables actividades descubiertas en los últimos cinco años. Otros permanecen en el genoma como simples cadáveres, solo para extinguirse y descomponerse.

En el interior de los genomas se libra una lucha continua. Algunos fragmentos del material genético existen para hacer más copias de sí mismos. Pueden ser invasores extraños, como los virus que entran en el genoma para apoderarse de él, o también pueden ser partes innatas de nuestro genoma, como los genes saltarines que proliferan y se insertan por todas partes. Ocasionalmente, cuando estos elementos genéticos egoístas aterrizan en un lugar especial, pueden utilizarse para crear nuevos tejidos, como el endometrio, o permitir nuevas funciones, como la memoria y la cognición. Las mutaciones genéticas pueden propagarse por todo el genoma en pocas generaciones. Y si los virus ocupan diferentes especies, los cambios genéticos similares pueden surgir en distintos tipos de criaturas de forma independiente.

Mis encuentros de los jueves con Mayr continuaron durante otros dos años después del libro de Goldschmidt. En esas reuniones posteriores descubrí que Mayr respetaba a regañadientes el intento de Goldschmidt de unir los experimentos en genética y biología del desarrollo con los principales acontecimientos del registro fósil. A mediados de los años ochenta, Mayr sabía que la biología molecular iba a suponer una revolución, por lo que animaba a los estudiantes de posgrado de su órbita a mantenerse al día en ese campo de investigación.

Como podría haber dicho Lillian Hellman en este contexto, nada empieza nunca cuando, o donde, uno cree que empezó. Los genomas no son hebras estáticas; siempre están retorciéndose y girando mientras los virus atacan y otros genes saltan. Las mutaciones genéticas pueden propagarse por el genoma y entre las distintas especies. Los cambios en el genoma pueden ser rápidos o lentos, pueden producirse cambios genéticos similares de forma independiente en distintas criaturas y los genomas de distintas especies pueden mezclarse y fusionarse para forjar inventos biológicos.

7

DADOS AMAÑADOS

Durante mi último año de licenciatura, pagaba mis facturas trabajando en el turno de noche como guardia de seguridad en el departamento de Química y como ayudante de cátedra durante el día. Como a las tres de la madrugada no había más que unos pocos noctámbulos en los edificios de química, hacía mis rondas y luego disfrutaba de una noche tranquila mientras profundizaba en la literatura clásica de paleontología. Al final de mi turno, investigaba por mi cuenta y luego asistía a una clase magistral de paleontología. Este tiempo me permitió conocer grandes ideas y debates. También, el hecho de que mi principal actividad docente fuera ser uno de los ayudantes del difunto Stephen Jay Gould en su popular clase de Historia de la Vida, fue un gran aliciente. A mediados de la década de 1980, Gould se había convertido en una figura pública de primer orden, que utilizaba su formación como paleontólogo para sumergirse en grandes polémicas con sus posturas radicales sobre las formas en que surgen las nuevas especies y cómo se produce el cambio evolutivo. Su clase universitaria estaba compuesta por unos seiscientos estudiantes que, al cursarla como asignatura obligatoria, probablemente ninguno se especializaría en ciencias. Este público resultó ser un grupo ideal para que Gould pusiera a prueba sus nuevas teorías y presentaciones. Todos los martes y jueves de otoño, Gould disertaba con gran dramatismo ante los estudiantes, que se sentaban absortos en las primeras filas o dormían despatarrados en las últimas.

En aquel momento, Gould pensaba en los cataclismos ocurridos en la historia de la vida. Cinco veces en los últimos 500 millones de años, las especies que habían dominado durante mucho tiempo todo el planeta habían desaparecido de manera abrupta. La más famosa de estas extinciones es la que provocó la desaparición de los dinosaurios. Hace unos 65 millones de años, se extinguieron los dinosaurios, los reptiles marinos, los pterosaurios y muchos tipos de invertebrados que vivían en los océanos. La diversidad vegetal también disminuyó en todo el mundo. Las evidencias fósiles revelaron que la causa más probable fue un gran asteroide que impactó contra la Tierra, cambiando drásticamente el clima global y provocando el colapso de los ecosistemas en todo el mundo, con la rápida extinción de numerosos animales. La desaparición de los dinosaurios y otras criaturas allanó el camino para que los mamíferos se expandieran por un mundo desprovisto de grandes depredadores y competidores.

En una conferencia, Gould planteó preguntas de hipótesis del tipo «¿y si…?». ¿Y si un asteroide no se hubiera estrellado contra la Tierra y los dinosaurios y otras criaturas hubieran sobrevivido? ¿Y si muchos de los acontecimientos aparentemente contingentes de la historia no hubieran ocurrido? La conferencia tuvo lugar antes de las vacaciones de invierno y, tras el visionado anual de *La vida es maravillosa*, de Frank Capra, Gould extrajo una analogía de la película. El héroe de la película, George Bailey, está a punto de saltar de un puente para acabar con su vida cuando un ángel interviene, dándole la oportunidad de viajar en el tiempo para ver cómo afectaría su suicidio a su ciudad natal. Sin Bailey, la ciudad de Bedford Falls, en Nueva York, quedaría alterada para siempre. Gould sustituyó el impacto de un asteroide por George Bailey y la vida en la Tierra por los habitantes de Bedford Falls. Si un asteroide no hubiera impactado contra la Tierra hace 65 millones de años, es probable que los dinosaurios hubieran persistido y que los mamíferos nunca hubieran florecido. De hecho, puede que ni siquiera estuviéramos aquí de no ser por esa colisión fortuita de una roca con nuestro planeta.

Esa colisión es solo uno de los innumerables acontecimientos, aparentemente contingentes, que han sucedido en los últimos 4000 millones de años para que hoy estemos aquí. Del mismo modo que nuestras vidas personales han sido moldeadas por numerosos encuentros, conversaciones y oportunidades al azar, la historia de la vida ha sido moldeada por cambios en el cosmos, el planeta y los genomas. La conferencia de Gould se convertiría más tarde en la base de su exitoso libro *Wonderful Life*. En él, Gould generalizaba el «qué pasaría si» a grandes momentos de la historia de la vida. El mundo natural que vemos hoy a nuestro alrededor, incluida nuestra propia existencia, es el producto de eones de acontecimientos fortuitos. Si reprodujéramos la cinta de la vida con alguno de ellos de manera diferente, aunque fuera un detalle mínimo, el mundo —incluida nuestra presencia en él— sería drásticamente distinto.

La ciencia reciente, unida a casi un siglo de trabajo, apunta a una conclusión totalmente distinta. Si se repitiera la cinta de la vida con distintos acontecimientos contingentes, quizá algunos resultados no serían tan diferentes después de todo.

Sir Ray Lankester (1847-1920) era un hombre de estatura y tamaño gigantescos. Era locuaz, muy obstinado y combativo. Criado por un médico que le animó a explorar el mundo natural, Lankester fue preparado desde su infancia para una carrera como científico, formándose finalmente en Oxford en la década de 1860 con algunas de las figuras más destacadas de la época.

Después de que Darwin publicara *El origen de las especies*, Thomas Huxley le defendió tan a gritos que llegó a ser conocido como «el bulldog de Darwin». No es de extrañar que Lankester se hiciera amigo de Huxley. Lankester era tan agresivo que muchos historiadores recientes de la ciencia le han dado el apodo de «bulldog de Huxley». Tenía tal propensión a

Sir Ray Lankester.

discutir, a menudo de forma tan airada, que incluso el propio Huxley tuvo que calmarle en alguna ocasión.

Lankester se convirtió en un desacreditador de las afirmaciones paranormales, que proliferaban en la época victoriana en la que vivió. Fue famoso por desenmascarar al médium estadounidense Henry Slade durante una sesión de espiritismo en Londres. Slade era conocido por sacar una pizarra y una tiza de debajo de la mesa durante una sesión para revelar los mensajes del mundo de los espíritus. Utilizando su tamaño como arma en una de esas sesiones, Lankester cogió la pizarra antes de un espectáculo para revelar los mensajes escritos de antemano. Lankester se tomaba tan en serio su postura que inició un proceso penal contra Slade.

Este mismo compromiso bullicioso con el escepticismo que pretendía desenmascarar los bulos impulsó la ciencia de Lankester. Después de Oxford, se formó como anatomista en la Stazione Zoologica de Nápoles y se convirtió en un experto en almejas, caracoles y camarones marinos. En sus manos, la anatomía de estas criaturas le contaba maravillas y se sentía cómodo siguiendo el rastro de las pruebas sin importarle adónde le llevaran.

Después de Darwin, los anatomistas buscaron ciertas similitudes entre las especies que pudieran ser indicios de su ascendencia. Recordemos que el razonamiento de Darwin era que las similitudes anatómicas entre especies eran una prueba de que comparten un antepasado común. Huxley identificó ciertos grupos de peces que eran parientes cercanos de los animales con extremidades, porque sus aletas tenían en su interior pequeñas versiones de los huesos de los brazos. Del mismo modo, él y otros utilizaron estas similitudes anatómicas para demostrar que las aves y los mamíferos tenían afinidades con diversos reptiles. Este razonamiento hacía predicciones concretas: las formas estrechamente emparentadas deberían tener más similitudes que las más distantes. Lankester vio algo más: se centró en una observación que otros científicos no habían visto o habían pasado por alto. En su trabajo sobre animales marinos, descubrió que muchas especies evolucionaban no adquiriendo nuevos rasgos, sino perdiéndolos. Desprenderse de estructuras y simplificarse, o «degenerarse», como lo llamaba Lankester, también podría crear nuevas formas de vida. Observó que, cuando las criaturas evolucionaban hacia un estilo de vida parasitario, se simplificaban y perdían algunas partes del cuerpo, a menudo órganos enteros. Las gambas son criaturas con cola, caparazón, ojos y cuerdas nerviosas, pero las gambas parásitas que viven en las tripas de otras criaturas son casi irreconocibles como tales. Se desprenden del caparazón, los ojos e incluso muchos de sus órganos digestivos.

El estudio de Lankester sobre la degeneración condujo a una observación aún más profunda e importante. Los camarones parásitos, independientemente del lugar del planeta en el que vivan o de la parte de su huésped en la que estén especializados, ya sea en las vísceras de los peces o en las branquias, siempre pierden las mismas partes del cuerpo. Lo mismo ocurre con muchos otros degenerados. Los animales que viven en cuevas, ya sean peces, anfibios o camarones, pierden estos órganos para poder vivir de forma eficiente en cuevas oscuras, presumiblemente ahorrando la energía que se gastaría construyendo y manteniendo estos órganos inútiles. Sorprendentemente, existen distintas especies que evolucionan del mismo modo de forma independiente: se vuelven incoloras y pierden los ojos y, a menudo, reducen el tamaño de sus apéndices.

Quizá uno de los casos más evidentes de degeneración sea el de las serpientes que pierden sus extremidades, salvo un pequeño nudillo que se observa en algunas especies. El plan corporal de las serpientes no implica solo la pérdida; los cuerpos también se alargan por la adición de vértebras y costillas. Esto forma parte del estilo de vida de las serpientes, que se desplazan deslizándose. Las extremidades simplemente estorbarían en este tipo de movimiento.

El cuerpo que toma la serpiente, como sabía Lankester, no se limita a las serpientes. Varias especies de lagartos tienen extremidades muy reducidas y cuerpos largos. Un grupo de reptiles emparentados de manera muy lejano, los anfisbénidos, tienen el cuerpo alargado y carecen de extremidades. Se les podría confundir con serpientes o lagartos, pero la anatomía de su cabeza es muy diferente. Incluso los anfibios entran en el juego; los anfibios conocidos como gimnofiones o cecilias tienen el cuerpo alargado y carecen de extremidades. He aquí el mismo rasgo y la misma forma de evolucionar, surgiendo en diferentes animales muchas veces.

Las invenciones múltiples independientes también son un patrón común en el mundo de la innovación humana. Ya sea el teléfono, el yo-yo o la teoría de la evolución, las ideas y las tecnologías tienen la costumbre de surgir con distintos inventores más o menos al mismo tiempo. Tal vez una idea esté en el aire porque el momento es oportuno, es una mejora obvia de una tecnología existente o está causada por alguna regularidad profunda en la forma en que se produce la invención. Sea cual sea la causa, los «múltiples» están tan extendidos que son la norma en algunos campos del quehacer humano. Lo mismo ocurre con algunas partes del mundo vivo.

Los múltiplos biológicos pueden revelar el funcionamiento interno de la naturaleza. Para saber cómo, tendremos que volver a los humildes animalitos de Auguste Duméril.

Una visión salamandriana del mundo

Con su disposición educada y amable, nadie podría confundir a David Wake, de la Universidad de California en Berkeley, con Ray Lankester. Sin embargo, el impacto del trabajo de Wake desde los años sesenta ha sido igual de profundo. Mientras que el campo de Lankester eran los animales marinos, Wake ha dedicado su vida científica a comprender a las salamandras.

Ojalá hubiésemos tenido la suerte de tener algo de biología de salamandra dentro de nosotros. Si les cortamos una extremidad, pueden regenerarla por completo, incluidos músculos, huesos, nervios y vasos sanguíneos. Las salamandras regeneran corazones dañados e incluso médulas espinales. Tienen inventos extraordinarios, desde distintos tipos de glándulas venenosas hasta formas increíbles de capturar alimentos. Durante más de cuatro décadas, muchísimos estudiantes y científicos de alto nivel han viajado a Berkeley desde todo el mundo, desde docenas de países diferentes, para aprender la biología de las salamandras. Wake es como un Duméril moderno, que descubre sorprendentes conocimientos biológicos en salamandras de aspecto relativamente sencillo.

Como sabemos desde Duméril, las salamandras suelen nacer en un medio y, a medida que crecen, pueden cambiar a otro. Muchas especies nacen en el agua y luego se metamorfosean para vivir en tierra. La transición a tierra implica unos

David Wake buscando salamandras en México.

cambios radicales en el modo de vida de los animales, sobre todo en su alimentación.

En general, hay dos tipos de depredadores. La mayoría acercan la boca a la presa: leones, guepardos y cocodrilos chasquean o muerden mientras persiguen a la presa o esperan en silencio a que pase. Otros depredadores adquieren su alimento de la forma opuesta, acercando la presa a su boca. Las salamandras adultas pertenecen a esta categoría.

Cuando están en el agua, las salamandras succionan insectos y pequeños artrópodos por la boca. Unos pequeños huesos situados en la base de la garganta y otros en la parte superior del cráneo expanden la cavidad bucal y crean un vacío que atrae el agua y las presas hacia el interior. Esta estrategia funciona bien para los anfibios en el agua, pero no en tierra. Los animales terrestres necesitarían un motor a reacción más grande que todo su cuerpo para crear la succión suficiente para arrastrar presas a través del aire hasta su boca.

En tierra firme, las salamandras emplean muchos trucos para introducir a sus presas en la boca. Algunas especies proyectan la lengua fuera del cuerpo, capturan insectos y los atrapan. Otras lanzan la lengua casi a la mitad de la longitud de su cuerpo, disparando una almohadilla pegajosa para atrapar pequeños insectos y llevarlos a la boca. Hay dos tipos de características que permiten a las salamandras realizar esta hazaña: los mecanismos que proyectan la lengua y los que la retraen. Esta lengua especializada es uno de los inventos más notables de la naturaleza y, aunque pueda parecer dolorosamente esotérico, contiene las respuestas para entender la vida en la Tierra. Como la belleza y la importancia de este sistema surgen de los detalles anatómicos, tenemos que indagar un poco en la anatomía de las salamandras.

Antes de explicar el movimiento de la lengua de las salamandras, vamos a hablar de la nuestra. Una compleja interacción de músculos hace posible este movimiento. Nuestra lengua es esencialmente un conjunto de músculos envueltos en tejido conjuntivo y cubiertos de papilas gustativas, mientras que otros músculos conectan la lengua a los huesos de la mandíbula y la garganta. Al sacar la lengua, estamos moviendo los músculos internos de la lengua —los que cambian su forma de blanda a rígida y de plana a alargada—, así como los músculos externos que se adhieren a la lengua, que tiran de ella hacia fuera. Uno de los principales músculos que tiran de la lengua hacia el exterior de la boca se une a la base del mentón y conecta con la base de la lengua. Cuando este músculo, el geniogloso, se contrae, la lengua sobresale.

El ser humano utiliza el músculo geniogloso para hablar y comer. De hecho, a veces se utiliza una modificación del geniogloso como un remedio quirúrgico para evitar los ronquidos. Al tensar el músculo, la posición de reposo de la lengua se desplaza hacia delante y se aleja de la garganta. Este ajuste impide que la lengua obstruya las vías respiratorias durante el sueño, evitando así los ronquidos y, también, la apnea del sueño.

Aunque los humanos estamos orgullosos de nuestra capacidad para hablar (y con razón), una capacidad en la que los movimientos de la lengua y el músculo geniogloso son partes tan vitales, si intentáramos capturar insectos voladores con ella seríamos nefastos. Las lenguas como la nuestra no sobresalen lo suficiente ni lo bastante rápido como para capturar nada. Probablemente sea algo bueno, dadas nuestras normas sociales y nuestras elecciones alimentarias, pero nuestra situación dista mucho de las de las salamandras.

Muchas de las especies de salamandras tienen también un músculo geniogloso que interviene en la alimentación. Existen varias especies que pueden modificar el geniogloso para convertirlo en una larga tira que, al contraerse, permite que la lengua sobresalga. Este tipo de proyección de la lengua es el más común entre las especies de salamandras. En las olimpiadas de la proyección de la lengua, sin embargo, ni siquiera llegaría a un calentón preliminar: es genial, pero ni de lejos tan increíble como otros mecanismos. La velocidad a la que puede contraerse su músculo geniogloso choca con la rapidez con la que puede funcionar este sistema. Es rápido, pero no lo suficiente para capturar a muchos insectos que vuelan con rapidez.

Los miembros del género de salamandras *Bolitoglossa,* una de las especialidades de Wake, pueden sacar la lengua la mitad de la longitud del cuerpo y luego retraerla en menos de dos milésimas de segundo. Observar cómo se alimentan es una experiencia desconcertante. La lengua se mueve tan rápido que apenas se percibe el movimiento, ni siquiera en los vídeos a cámara lenta de YouTube. Lo que es alucinante es que ninguno de los músculos de las salamandras puede contraerse tan rápido como su propia lengua; disparan sus lenguas más rápido que el límite de velocidad de los propios músculos. Estas salamandras parecen romper las leyes de la física.

David Wake y Eric Lombard, uno de sus estudiantes de posgrado en la década de 1960, se centraron en estas lenguas de salamandra en un esfuerzo de casi diez años para comprender cómo funcionan y, lo que es más importante, cómo surgieron. Diseccionaron las lenguas de distintas especies y observaron detenidamente cada músculo, hueso y ligamento. Manipularon diferentes huesos y músculos con pinzas para ver si podían simular los movimientos. Décadas más tarde, uno de los estudiantes de Wake filmó a alta velocidad los movimientos de las lenguas para ver cómo los músculos y los huesos trabajaban juntos para hacer aparentemente lo imposible.

Wake descubrió que la lengua de las salamandras funciona como una pistola biológica extremadamente intrincada. Las salamandras altamente especializadas no solo sacan la lengua. Su lengua sale disparada de la boca como una bala atada a una cuerda. Por si esto no fuera lo suficientemente extraño, el proyectil que dispara la salamandra recoge los pequeños huesos de su aparato branquial que yacen adheridos a una almohadilla pegajosa. Literalmente, propulsan partes de sus branquias de hasta media longitud corporal en un abrir y cerrar de ojos. A continuación, la lengua vuelve a la boca con la misma rapidez con la que fue expulsada.

Las salamandras con lengua de proyectil carecen del músculo geniogloso. Ese músculo se contrae con demasiada lentitud y solo estorbaría al salir disparado el proyectil. Además, en la mayoría de las especies de salamandras, los huesos branquiales están fijos a ambos lados de la cabeza para servir de base a los filamentos branquiales. Las salamandras con lenguas de proyectil hacen las cosas de manera diferente; los huesos branquiales se liberan del cráneo y se fijan a la lengua para convertirse en un proyectil que sale disparado como una bala.

Para evocar una imagen de la proyección de la lengua de la salamandra, imagina que vas a disparar una semilla de sandía apretándola entre el pulgar y el índice. La semilla es resbaladiza y cónica. Al apretarla con las yemas de los dedos, la semilla sale disparada rápidamente y a gran distancia. Lo mismo ocurre con la lengua de las salamandras, que poseen unos elaborados músculos que sirven para apretar, y unas varillas óseas del aparato branquial que se convierten en las superficies lubricadas y cónicas. Cuando los músculos se contraen, los huesos salen disparados, como la semilla de la sandía.

En las lenguas de proyectil, hay dos huesos branquiales que se expanden para parecerse a un diapasón con las púas orientadas hacia el extremo de la cola. Estas largas varillas son cónicas y están lubricadas, como la semilla de la sandía. Alrededor de estas varillas hay unos músculos constrictores que recorren toda su longitud. Cuando estos músculos se activan, aprietan las varillas y las expulsan fuera de la boca. El resultado final es que la almohadilla lingual y los huesos branquiales salen disparados hacia su objetivo. Si el proceso funciona, el insecto es capturado por la almohadilla y devuelto a la boca.

A una salamandra no le serviría de nada disparar su lengua y atrapar un insecto, pero no ser capaz de devolver ni la presa ni la lengua a su boca. Aunque la idea de una salamandra incapaz de atrapar un insecto con la lengua podría resultar cómica, esta situación sería mortal. Expuesto a los depredadores e incapaz de conseguir más alimento, el animal moriría casi con toda seguridad. La solución es inteligente. En todas las salamandras, el abdomen está recubierto de músculos que se extienden desde la cadera hasta las branquias. Estos músculos suelen servir para sostener el cuerpo. En las especies que poseen las lenguas con más capacidad de proyección, las fibras de los dos conjuntos de músculos se fusionan, formando un único músculo que va desde la pelvis hasta los huesos especializados de las branquias. Imagínate un muelle gigante: cuando los huesos branquiales salen disparados, la correa muscular se estira para hacer retroceder el aparato.

El origen de este complejo órgano biológico no implica la creación de órganos nuevos, ni siquiera de huesos, sino la reutilización de los huesos y músculos antiguos de formas novedosas.

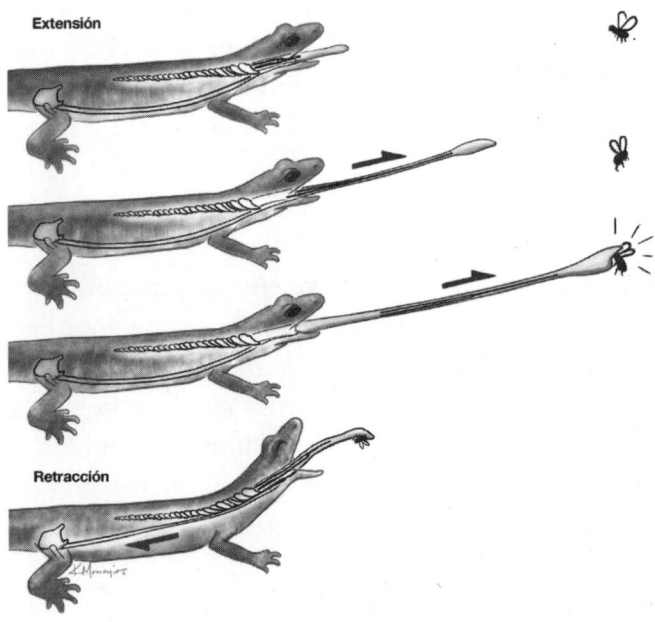

La proyección de la lengua de las salamandras, una maravilla biológica.

Los músculos que impulsan la lengua son los mismos que utilizan otras salamandras para tragar. Los huesos que antes sostenían las branquias se afilaron en un extremo para convertirse en las balas. El músculo geniogloso se ha perdido para permitir que el proyectil vuele lejos, mientras que los músculos abdominales se han fusionado para formar el resorte que retrae la lengua. Esta reutilización ha dado lugar a una maravilla natural, un invento muy intrincado en el que intervienen muchas piezas.

Aunque la lengua de la salamandra es una maravilla en sí misma, algo aún más extraordinario surgió de otra área de investigación de Wake.

Una de las especialidades de Wake es utilizar el ADN para descifrar el árbol genealógico de las salamandras y estudiar el parentesco entre especies. Siguiendo la tradición iniciada por Zuckerkandl y Pauling, Wake compara las secuencias genéticas de distintas especies para determinar dónde y cuándo evolucionaron. A partir de las muestras de tejido tomadas de casi todas las especies de salamandras, Wake compuso el árbol genealógico más definitivo de las salamandras hasta la fecha. Incluso a él le sorprendió el resultado.

Las salamandras con las lenguas de proyectil más extremas no están estrechamente emparentadas entre sí. De hecho, estas especies estaban tan separadas en el árbol genealógico que vivían a cientos de kilómetros de distancia y tenían antepasados diferentes. La invención de la lengua de proyectil, una intrincada novedad biológica que implica muchos cambios coordinados en la cabeza y el cuerpo, se produjo al menos tres veces de forma independiente, quizá incluso más. En todos los casos se perdió el geniogloso, los huesos branquiales se modificaron para ser proyectiles y los músculos del vientre se convirtieron en un resorte para devolver el proyectil a la boca. Estas lenguas son ejemplos de los múltiplos de sir Ray Lankester con esteroides.

La invención independiente de este órgano altamente especializado no es una casualidad. Todas las especies que presentan este rasgo comparten varias cosas. La mayoría de las salamandras utilizan los huesos branquiales en la respiración, para expandir la boca y arrastrar el aire al interior de los pulmones. Además, las utilizan mucho en las fases larvarias para alimentarse: los movimientos de estos huesos generan la succión necesaria para arrastrar el alimento al interior. Si los huesos branquiales son necesarios para respirar y alimentarse, ¿cómo podrían utilizarse en la proyección de la lengua? Las especies con la proyección lingual más extrema no tienen pulmones ni estadios larvarios. Al haber perdido ambos, el aparato branquial ya no tiene estas funciones contrapuestas y puede servir en una nueva, como un misil para atrapar presas.

Pero ¿cómo surgen los múltiples? ¿Qué nos dicen sobre el funcionamiento interno de los seres vivos?

El desorden es el mensaje

Los científicos, como la mayoría de los humanos, odian el desorden. Nos encantan los gráficos en los que los puntos se alinean en una línea o una curva perfecta. Ansiamos experimentos que sean definitivos y nuestras observaciones ideales son limpias, ordenadas y siguen una predicción uniforme. Nos encantan las señales, pero detestamos el ruido.

Los estudios del árbol de la vida no son diferentes. Construir el árbol genealógico de la vida es un poco como idear una clave para identificar especies en la naturaleza: buscamos las características únicas que comparta cada animal. Cuantos más rasgos únicos tenga una especie, más fácil será diferenciarla de las demás. Todo el mundo puede distinguir entre gaviotas y búhos, por ejemplo. Cada uno tiene rasgos muy identificativos, ya sea la cara redonda de los búhos o el pico y la coloración del cuerpo de las gaviotas. La coherencia radica en distinguir varios rasgos, desde la anatomía hasta el ADN, que sean afines a distintos grupos de criaturas. Las personas comparten rasgos que no se ven en otros primates, los primates comparten rasgos que no se ven en otros mamíferos, los mamíferos comparten rasgos que no se ven en la mayoría de los reptiles, y así sucesivamente.

Ray Lankester descubrió el problema del huevo y la gallina: ¿cómo distinguir las similitudes que evolucionaron de forma independiente, o múltiple, de las que reflejan una verdadera genealogía? Si las lenguas de las salamandras, con todos sus intrincados detalles, pudieron surgir de forma independiente, ¿cómo podemos confiar en que la presencia de cualquier rasgo constituya una prueba de parentesco? La realidad es que, en las salamandras, las lenguas son solo una parte de la historia. Se observan múltiplos en un órgano tras otro.

¿Cómo ve su evolución el mayor experto mundial en salamandras? David Wake, como la mayoría de los expertos en la materia, ha renunciado prácticamente a utilizar la anatomía como un indicador genealógico. ¿Por qué? Por muchos datos que se recojan, es evidente que las salamandras de distintas partes del mundo, en distintas épocas, idearon los mismos diseños de forma independiente.

Quizá el desorden de los múltiplos biológicos no sea una mera molestia, sino una marca evidente. Quizá lo que vemos como ruido sea en realidad una señal. ¿Y si muchas de las formas de la evolución no fueran fruto de la casualidad?

Los múltiples surgen en los seres vivos de dos maneras. La primera es la existencia de un número limitado de soluciones a un problema. Tomemos como ejemplo el vuelo; cualquier criatura que vuele necesita una gran superficie para producir sustentación, por lo que todas las criaturas voladoras tienen alas. Las alas de los pájaros, los reptiles voladores, los murciélagos y las moscas tienen un aspecto similar, pero en su interior poseen unas estructuras diferentes y una historia distinta que podemos rastrear. La configuración de los huesos del ala de un ave es distinta de la de un murciélago o un pterosaurio. En un murciélago, el ala es una membrana que se extiende a partir de cinco dedos alargados, mientras que en un pterosaurio el ala está sostenida por un cuarto dedo muy largo. Las alas de los insectos son aún más diferentes, ya que se sostienen sobre tejidos completamente distintos. Las necesidades físicas y la historia se fusionan para producir estas estructuras: cada una de ellas es un ala, pero su configuración es diferente, porque reflejan las distintas historias evolutivas de los mamíferos, las aves, los reptiles y los insectos.

Abundan los ejemplos de este tipo de necesidades físicas, que los primeros anatomistas denominaban a menudo como «reglas». La regla de Allen, formulada por Joel Asaph Allen en 1877, sostenía que los animales de sangre caliente que viven en climas más fríos tienen apéndices más cortos (extremidades, orejas, nariz y similares) que los que viven en climas más cálidos. Esto se explica por la pérdida de calor: los animales con apéndices alargados pierden más calor que los que no los tienen. Del mismo modo, la regla de Bergmann, llamada así por Carl Bergmann en 1844, hace referencia al hecho que los animales que viven en climas más fríos son, por término medio, más grandes que los que viven en climas más cálidos. La pérdida de calor también es una limitación en este caso, ya que los animales pequeños tienen una superficie proporcionalmente mayor por la que pierden calor. Tanto la regla de Allen como la de Bergmann suelen ser válidas para distintas especies que viven en distintos lugares.

Hay otra forma de que se produzcan múltiplos. Darwin reconoció que no hay dos criaturas iguales en una población y que algunos tipos de variación pueden hacer que un organismo tenga más éxito en su entorno, al tener más descendencia y ser más robusto. Esas diferencias son la base de la evolución por selección natural: mientras haya variación en una población y parte de ella afecte al éxito de las criaturas en su entorno, el cambio evolutivo es un resultado inevitable. Sin embargo, la selección natural solo puede actuar sobre la diversidad que existe en una población. Si no hay diferencias entre los individuos, no puede haber evolución. ¿Y si la variación está sesgada de alguna manera? ¿Y si las recetas genéticas y de desarrollo que construyen los cuerpos y los órganos pueden producir ciertos diseños con más facilidad que otros, u otros no? Si esto es cierto, saber cómo se forman los órganos de los animales durante su desarrollo podría ayudar a predecir cómo variarían en las poblaciones y, en consecuencia, las formas probables en que podrían evolucionar.

Pies fríos

Tras terminar mis estudios de posgrado en Harvard, me trasladé al oeste, a la Universidad de California en Berkeley, para estudiar en algunos de sus afamados museos universitarios de zoología y paleontología. Tras unas semanas allí, acabé contagiándome del entusiasmo de David Wake por las salamandras y empecé a idear proyectos que podría realizar con su equipo. California me atrajo tanto por el cambio de clima como por los museos y las salamandras. Los cinco años que pasé en Cambridge (Massachusetts), junto con el trabajo de campo que realicé en Groenlandia y Canadá durante el verano, provocaron que quisiera alejarme de la oscuridad y el frío y estuviese deseando recibir el sol de California.

Sin embargo, ese sol nunca apareció. Cuando llegué, Berkeley sufría una de las olas de frío más intensas que se recordaban. Pronto aprendería que nada, ni siquiera una tienda de campaña en Groenlandia, es más gélido que California cuando hace frío. Tanto las casas como la gente, incluida yo, carecíamos de aislamiento. Las tuberías se congelaban en toda la ciudad y el agua se racionaba. Yo no podía saberlo entonces, pero aquella helada californiana iba a influir en mi forma de pensar sobre la historia de la vida.

En algún momento de la helada, entré en el laboratorio de Wake, aunque solo fuera para entrar en calor y llenar unas jarras de agua. Acababa de hablar por teléfono con un colega del Servicio de Parques Nacionales de Point Reyes National Seashore. La ola de frío había golpeado con fuerza los lagos de agua dulce del parque, congelándolos por primera vez en décadas. Los animales estaban tan poco preparados como los humanos para el descenso de las temperaturas. El motivo de la llamada era para informarle de que miles de salamandras habían muerto congeladas en esos estanques, y el servicio del parque quería saber si queríamos utilizarlas para la colección del museo de zoología. Los animales ya estaban muertos por una catástrofe natural, así que ¿por qué no ver qué podía extraer de ellos la ciencia?

Ahora disponíamos de más de mil salamandras para estudiar. En Harvard, yo había estudiado las extremidades de las salamandras, observando cómo se desarrollaban sus manos y pies en las fases embrionarias. Dado mi interés, desarrollamos un plan para observar los pies de estas salamandras y evaluar los esqueletos de su interior; con dos pies por salamandra, podíamos estudiar unos dos mil pies. Mi entusiasmo por estudiar los dos mil pies de salamandra no era injustificado. Venía de dar clases en la clase de Gould y quería comprobar hasta qué punto la evolución es contingente o inevitable. Veíamos múltiplos por todas partes, desde lenguas a miembros degenerados, desde salamandras a gambas. De hecho, cuanto más buscábamos, más encontrábamos. Wake descubrió que los pies de las salamandras evolucionan de formas muy específicas y, al igual que en el sistema de la lengua, existen distintas especies que evolucionan de la misma manera de forma independiente.

Gracias a la congelación, disponíamos de miles de pies de una única población de una especie. Nuestra idea era observar los patrones de sus extremidades para evaluar cómo variaban entre individuos. Este es el tipo de variación que alimenta la evolución por selección natural. Ahora podíamos hacernos las preguntas centrales: ¿la variación en las poblaciones está sesgada de alguna manera? ¿Las multiplicaciones se producen porque el combustible de la selección natural, la variación entre individuos, no es aleatorio? Si todos los patrones de los miembros tienen la misma probabilidad de ocurrir, entonces deberíamos ver esta variación aleatoria en la enorme muestra de las salamandras congeladas de Point Reyes. Por el contrario, quizá haya algún sesgo interno oculto en la variación que empuje a la evolución en determinadas direcciones.

En más de 200 millones de años de evolución, las extremidades de las salamandras han evolucionado como los animales de Lankester: han perdido estructuras en lugar de ganarlas. Hay varias características de sus esqueletos que aparecen una y otra vez, independientemente de que la especie haya evolucionado en China, Centroamérica o Norteamérica. En primer lugar, tienden a perder los dedos y, además, siempre los mismos. Cuando las salamandras pierden los dedos de las manos o de los pies, siempre los pierden en el lado del meñique, nunca en el opuesto. El segundo patrón es que tienden a evolucionar fusionando los huesos de la muñeca y el tobillo. Las salamandras suelen tener nueve huesos en el tobillo, mientras que las especies evolucionadas tienden a perder los huesos de una forma muy específica: fusionan huesos adyacentes. Donde antes un antepasado tenía dos elementos separados, el descendiente puede tener uno grande. Lo que Wake observó fue que estos patrones de fusión parecen no ser aleatorios. Ciertas fusiones se repiten una y otra vez, mientras que otras no lo hacen nunca.

En los museos, zoológicos o incluso en la naturaleza, los científicos casi nunca tienen acceso a mil esqueletos de una sola especie. Este número de especímenes fue una bonanza, porque ahora teníamos las muestras suficientes para reunir estadísticas reales y probar algunas ideas. Podíamos ver si la variación estaba sesgada y, por tanto, podía influir en la evolución de las salamandras. El reto era ver el interior de sus patas.

Una rana con el cuerpo transparente y los huesos teñidos con tintes.

No podíamos simplemente radiografiar las extremidades; sus esqueletos estaban hechos de cartílagos blandos que serían casi imposibles de captar con las radiografías médicas estándar. Además, había demasiados individuos para meterlos en un escáner; el coste habría sido astronómico, y mi seguro médico no cubría las salamandras. Nos decidimos por una técnica cuyos resultados eran tan bellos como sencilla era la prueba. Preparamos una serie de baños de alcohol, agua y tintes químicos. Durante unas semanas, pasamos las salamandras de un baño a otro, manteniéndolas en cada uno el tiempo suficiente para que los fluidos se difundieran en el tejido.

El último baño contenía un tinte azul especial que se adhería a los cartílagos, de forma que los teñía de azul cerceta. A continuación, pusimos las salamandras en un baño de glicerina simple, un fluido viscoso transparente. A medida que la glicerina entraba en contacto con cada espécimen, su cuerpo se volvía transparente como el cristal. Con cada salamandra, este proceso podía llevar varias semanas. Cuando lo hacíamos bien, terminábamos con algo extrañamente hermoso. El animal era transparente y el esqueleto azul, como si se hubiera transformado en un esqueleto azul de cristal.

Tardamos dos años en hacer mil de estas preparaciones. Codificamos cada extremidad de cada espécimen, registrando cada forma, fusión y pérdida.

Descubrimos que la variación no era aleatoria: la respuesta era tan clara como lo habían sido sus cuerpos en la glicerina. Los huesos se habían fusionado y habían perdido los dígitos específicos. Además, observamos los mismos patrones de variación en esta población de salamandras de Point Reyes que se habían observado en otras especies de China, México e incluso Carolina del Norte. Algunos patrones de fusión eran probables, otros no. Y, en cada caso, veíamos el mismo puñado de patrones una y otra vez.

¿Qué puede decirnos esto sobre la biología de las salamandras, por no hablar de la dicotomía contingencia-inevitabilidad?

Antes había estudiado cómo se forman las extremidades de las salamandras durante su desarrollo. Al observar la formación de sus huesos, se observaba una secuencia clara: los dígitos se formaba en un orden muy preciso. El dígito dos se formaba primero, seguido del uno, el tres, el cuatro y el cinco. Ya había visto antes esta secuencia: era exactamente el orden en que se pierden los dígitos en la evolución. El primer dígito que se perdía era el último en formarse; el siguiente, el penúltimo. Parecía que existía un orden en la forma en que se perdían los dígitos: el último en formarse, el primero en perderse.

Los cartílagos de las muñecas y los tobillos también se desarrollaron siguiendo una secuencia bien definida. Brotan unos de otros; uno se formaba y el siguiente brotaba de él. Sin embargo, estos dos se separaban a medida que brotaban otros elementos nuevos. Este brote y separación dio lugar a un patrón completo de nueve huesos independientes. Yo también había visto esto antes. Los elementos que se fusionaban en las salamandras de diferentes especies eran siempre los que normalmente brotaban unos de otros.

Bajo esta anatomía y desarrollo esotéricos subyace una noción simple y poderosa. Si conocemos cómo se desarrolla una extremidad de salamandra, entonces podemos predecir cómo es probable que evolucione. La secuencia en la que se forman

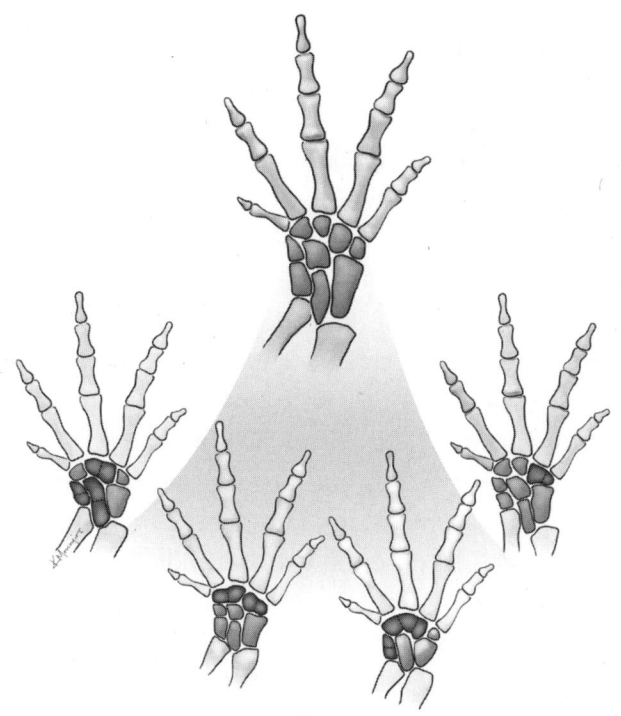

Las extremidades de las salamandras evolucionan cuando pierden elementos. Aquí se muestran las formas en que fusionan huesos vecinos durante la evolución.

los dedos y el patrón por el que los huesos de la muñeca y el tobillo brotan unos de otros determinan que algunas vías de cambio serán más probables que otras. El último en formarse y el primero en perderse explica la variación que vemos en los dígitos de las salamandras. Las fusiones tampoco son aleatorias. Los elementos que se fusionan son los que normalmente brotan unos de otros en el desarrollo.

Piensa en el desarrollo embriológico como en un proceso de construcción. Si eres albañil, la forma en que construyes una casa y los materiales que utilizas para construirla pueden influir en el tipo de casa que construyes. Algunos tipos de casa tienen más probabilidades de construirse que otros. Como hemos visto con las patas congeladas de salamandra, lo mismo ocurre con los animales. Las formas en que están construidos hacen que ciertos inventos y cambios sean más probables que otros.

Durante mucho tiempo, las multiplicidades, como los huesos de las patas de salamandra, se consideraban artefactos confusos en la historia de la vida, casi como rarezas únicas. Sin embargo, cuanto más nos fijamos, más nos damos cuenta de que forman parte del proceso de invención. En muchos casos, reflejan las reglas profundas del cambio, sesgos intrínsecos que provienen de cómo se construyen las especies durante su desarrollo. Si prácticamente todos los animales utilizan las versiones de los mismos genes —incluso recetas genéticas completas— para construir sus cuerpos, la existencia de múltiples tras múltiples en el reino animal no debería sorprendernos. La llegada de grandes inventos en la historia de la vida debería ser cualquier cosa menos casual.

El camino de la evolución no es una línea continua de progreso alimentada por cambios aleatorios. A lo largo de la historia, las distintas especies suelen tomar caminos diferentes para llegar al mismo lugar. Para poner este fenómeno en términos de Gould, si reproducimos la cinta de la vida con diferentes circunstancias contingentes, pero las cosas importantes transcurren de la misma forma, entonces todo seguiría igual.

Ernst Mayr compartió su propia perspectiva de esto durante uno de nuestras tardes tomando el té. Inspirándose en Voltaire, dijo que los resultados de la evolución no son el producto el «mejor mundo posible». Al contrario, son el «mejor de los mundos posibles». La genética, el desarrollo y la historia ayudan a definir los tipos de cambios posibles.

Experimentos de la naturaleza

La naturaleza experimenta por nosotros. De hecho, en algunos de estos experimentos podemos ver cómo se reproduce la cinta de la vida, tal y como hizo George Bailey en el puente de Bedford Falls.

Los lagartos habitan prácticamente todas las islas del Caribe, desde San Martín hasta Jamaica. Con sus frondosos bosques, llanuras abiertas y playas, estas islas ofrecen una gama de entornos productivos en los que los lagartos pueden prosperar. Innumerables generaciones de científicos han encontrado en estas islas un laboratorio natural en el que estudiar la evolución. Al igual que las Galápagos para Darwin, cada isla caribeña ofrece una forma distinta de evaluar cómo los distintos lagartos se adaptan a entornos diferentes. Ernest Williams (1914-98) fue uno de los grandes herpetólogos de su generación. Basándose en el trabajo de otros, observó que en varias islas del Caribe había lagartos similares. Las lagartijas de los bosques están especializadas en vivir en las distintas partes de un árbol: algunas en la copa, otras en el tronco y otras cerca del suelo, en la base del tronco. Todos los lagartos que viven en las copas de los árboles, no importa en qué isla, son grandes, tienen una cabeza grande y una cresta en forma de sierra en la espalda, y son de color verde intenso. Todos los lagartos que viven en el tronco son medianos, con extremidades cortas, cola corta y cabeza triangular. Todos los lagartos que viven entre el tronco y el suelo tienen la cabeza grande, las patas largas y son de color marrón.

Bajo la tutela de Williams, mi colega Jonathan Losos ha hecho de estos lagartos el centro de su carrera. Losos ha utilizado las técnicas de ADN para estudiar las relaciones entre los lagartos de varias islas. Por su anatomía, cabría esperar que los lagartos cabezones que viven en las copas de los árboles estuvieran más emparentados con los cabezones de otras islas, al igual que los lagartos de extremidades cortas que viven en los troncos de los árboles y los de extremidades largas que viven cerca del suelo. Pero esto no es lo que descubrió Losos. Los lagartos de cada isla comparten más genética con los de su propia isla que los de otras islas. Cada isla tiene una población de lagartos genéticamente distinta y ha sido colonizada por separado. Los náufragos desembarcaron una vez en cada isla y sus descendientes se adaptaron a las condiciones de su nuevo hogar de forma independiente. Piensa que cada isla es un experimento evolutivo distinto, en el que los lagartos se adaptan a la vida en el suelo, en los troncos de los árboles, en las ramas y en las copas de los árboles. Si cada isla es un experimento distinto, entonces la evolución ha producido el mismo resultado una y otra vez. Si la cinta de la historia se repitiera en diferentes islas, la evolución habría ocurrido de la misma manera en cada una de ellas.

Lo mismo ocurre a mayor escala con los mamíferos. Los marsupiales han evolucionado en Australia, aislados del resto del mundo, durante más de 100 millones de años, dando lugar a diversas especies con formas corporales muy diferentes. El resultado no es aleatorio. Hay una ardilla voladora marsupial, un topo marsupial, un gato terrestre marsupial e incluso una marmota marsupial. Y esos son solo los que viven hoy en día: los leones marsupiales, los lobos e incluso los gatos dientes de sable se han extinguido. La evolución de los marsupiales en el continente aislado ha seguido a menudo caminos similares a los de los mamíferos del resto del mundo.

Estos experimentos naturales revelan que la historia de la vida no es un juego de azar de acontecimientos contingentes. Los dados de la vida están amañados por el modo en que los genes y el desarrollo construyen los cuerpos, por las limitaciones físicas del entorno y por la historia. En cada generación, los organismos han heredado recetas —escritas en sus genes, células y embriones— para construir los órganos y cuerpos. Esta herencia habla del futuro, ya que puede hacer que ciertas vías de cambio sean más probables que otras. Pasado, presente y futuro se funden en los cuerpos y genes de todos los seres vivos.

8

FUSIONES Y ADQUISICIONES

A veces el mundo no está preparado para un nuevo invento o idea. Leonardo da Vinci (1452-1519) diseñó máquinas voladoras, incluidos planeadores, en el siglo XVI, pero no pudo fabricarlos, porque entonces no existían ni los materiales ni los procesos para construirlas. La historia de la vida funciona de la misma manera. Los peces con pulmones y brazos prosperaron en las antiguas aguas mucho antes de que dieran sus primeros pasos en tierra firme. Estas criaturas nunca podrían haber sobrevivido en tierra, porque las plantas y los insectos aún no eran lo bastante abundantes como para que existiera un animal de gran tamaño. El momento oportuno lo es todo en la invención, ya sea en la evolución, en la tecnología humana o incluso en la lucha de un joven científico en los años sesenta.

Lynn Margulis (1938-2011) estudió la vida microbiana en la Universidad de Chicago y en Berkeley. En uno de sus primeros

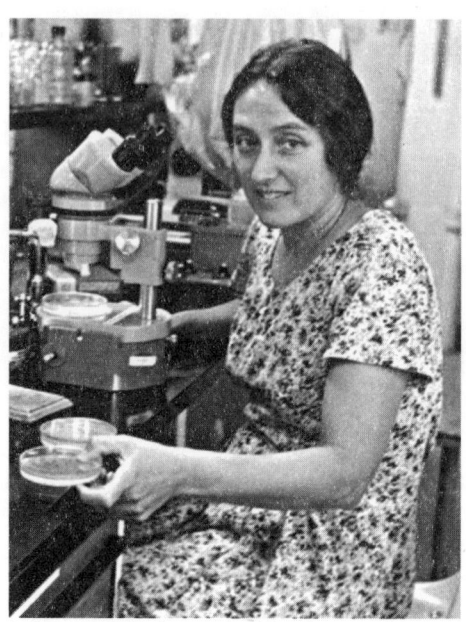
Lynn Margulis.

proyectos de investigación, estudió la diversidad de las células
en los seres vivos y propuso una nueva teoría sobre su formación. La escribió y recibió las negativas de, como ella misma
dijo una vez, «unas quince revistas». Sin desanimarse, acabó
encontrando un lugar para su trabajo en una revista relativamente oscura de biología teórica.

La intrépida persistencia de Margulis frente a un coro de
críticas negativas fue impresionante: se trataba de una joven
científica al principio de su carrera que se enfrentaba a una
ortodoxia arraigada en un campo dominado por hombres.

Margulis se centró en las células que componen los cuerpos de los animales, plantas y hongos. Estas células tienen una
complejidad que no poseen las células bacterianas. Cada una
contiene un núcleo, en el que reside el genoma; alrededor del
núcleo hay una serie de pequeños órganos, llamados orgánulos, que desempeñan diferentes funciones. Los orgánulos más
destacados son los que proporcionan energía a la célula. Las

plantas tienen cloroplastos que contienen clorofila, que lleva a cabo las reacciones fotosintéticas necesarias para convertir la luz solar en energía utilizable. Del mismo modo, las células animales tienen mitocondrias que generan energía a partir de oxígeno y azúcares.

Margulis observó que estos orgánulos parecen minicélulas dentro de la célula. Cada uno tiene su propia membrana a su alrededor, que la separa del resto de la célula. Un orgánulo se reproduce dentro de la célula dividiéndose en dos, o brotando: primero se alarga y se aprieta en el centro como una mancuerna, y luego los dos lados se separan para formar dos nuevos individuos. El orgánulo tiene incluso su propio genoma, distinto del núcleo celular. Sin embargo, el genoma de un orgánulo es muy diferente al del núcleo. En el núcleo, la cadena de ADN está enrollada sobre sí misma, pero, en las mitocondrias y los cloroplastos, los extremos de una cadena de ADN se cierran para formar un anillo simple.

Esa misma estructura, con sus propias membranas, así como la reproducción y la organización del ADN, ya la había visto Margulis en otra ocasión. Ya había observado estas características en varias bacterias unicelulares y algas verdeazuladas. Las bacterias y las algas verdeazuladas se reproducen por brotes, están rodeadas por una membrana similar y tienen un genoma muy parecido al de los cloroplastos y las mitocondrias. Los orgánulos que alimentan las células animales y vegetales se parecían mucho más a las bacterias y las algas verdeazuladas que al propio núcleo de la célula en la que residían. A partir de estas observaciones, Margulis propuso una teoría radicalmente nueva de la historia evolutiva. En un principio, los cloroplastos eran algas verdeazuladas independientes que se incorporaron a otra célula y se pusieron a trabajar como obreros metabólicos para proporcionarle energía. Del mismo modo, las mitocondrias eran bacterias de vida libre que se fusionaron con otra célula para proporcionarle energía. Su idea radical era que, en cada caso, estos diferentes individuos se unieron para formar uno nuevo y más complejo.

Como correspondía a un artículo con quince rechazos, la idea de Margulis se encontró con el desprecio generalizado o la indiferencia total de los demás científicos. Sin que Margulis lo supiera, sesenta años antes había habido varios biólogos rusos y franceses que habían propuesto de forma independiente una idea similar que fue ridiculizada y permaneció oculta en oscuras revistas. Sin embargo, su estilo intrépido, su persistencia y creatividad mantuvieron viva su idea, ya que pasó varias décadas acumulando más pruebas y argumentando tenazmente a su público. Por desgracia, sus esfuerzos fueron en vano. Permaneció siempre al margen de la respetabilidad, porque las similitudes que revelaba no convencían al sector.

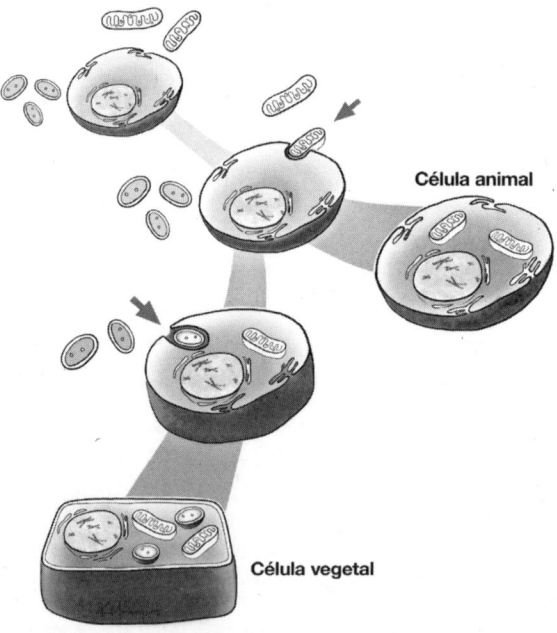

Evolución por combinación: el origen de las células complejas por la fusión de dos tipos diferentes de microbios (flechas), uno que da lugar a las mitocondrias (arriba), otro a los cloroplastos (abajo).

Afortunadamente para Margulis, y para la ciencia en general, la tecnología se puso al día con su idea. En los años 80, cuando se desarrollaron métodos más rápidos de secuenciación del ADN, se pudo comparar la historia de los genes de los orgánulos con la de los núcleos celulares. El árbol genealógico que surgió fue tan hermoso como sorprendente. Las mitocondrias no estaban relacionados genéticamente con el ADN del núcleo de su propia célula, como tampoco los cloroplastos. De hecho, los cloroplastos estaban más estrechamente relacionados con las diferentes especies de algas verdeazuladas que con cualquier otra cosa dentro de la célula vegetal. Del mismo modo, las mitocondrias eran descendientes de una especie de bacterias consumidoras de oxígeno y no estaban relacionadas con su propio núcleo. Cada célula compleja tiene dos familias de vida en su interior, una de su núcleo y otra cuyos antepasados fueron en su día algas verdeazuladas o bacterias de vida libre.

Las recientes comparaciones que se han realizado sobre el ADN apuntan a que este tipo de combinaciones son acontecimientos comunes en la historia de la vida. Las células que no provienen de animales y plantas, con orgánulos diferentes, también surgieron de este modo. Por ejemplo, el *Plasmodium falciparum*, el microbio que causa la malaria, tiene un extraño orgánulo que se asienta como un capirote en un lado de la célula y se utiliza en diversos procesos metabólicos. La secuenciación del ADN muestra que una vez fue un alga de vida libre. Debido a su historia como célula individual, el orgánulo tiene moléculas distintivas que se encuentran en las membranas que lo rodean. Estas moléculas han tenido múltiples usos en medicina: los fármacos antipalúdicos las utilizan en una misión de búsqueda y captura para matar las células palúdicas.

Margulis capeó el temporal, pero, por desgracia, su carrera terminó en 2011, cuando sufrió un derrame cerebral a los setenta y tres años. Por fortuna, vivió para ver la confirmación de su teoría antes de morir. Echando la vista atrás, Margulis resumió su enfoque de la controversia con una simple frase que le sirvió de mantra tras tantas décadas de batallas académicas: «No considero mis ideas controvertidas, las considero correctas».

Su creatividad, su fuerte personalidad y la tecnología cambiaron nuestra forma de ver la historia de la vida. Uno de las mayores revoluciones de la vida se produjo cuando los individuos se combinaron para formar organismos cada vez más complejos, cuando las criaturas que antes vivían en libertad se convirtieron en partes de conjuntos cada vez mayores. Hoy en día cada planta y animal de la Tierra es un individuo que contiene una compleja jerarquía de partes, desde órganos a células, orgánulos y genes. El origen de esta organización es una historia que se remota a miles de millones de años atrás, que comienza cerca del origen del planeta.

Las piezas de la evolución

Cuanto más nos adentramos en el pasado, más borrosa se vuelve la imagen de la vida. Quizá nadie lo sepa mejor que J. William Schopf, cuya vida ha consistido en encontrar las pruebas de los primeros seres vivos del planeta. Su búsqueda le ha llevado a las áridas laderas de Australia Occidental, un lugar especial donde las rocas tienen más de tres mil millones de años, entre las más antiguas del mundo. En consecuencia, los científicos se han reunido varias veces en ese lugar para comprender el funcionamiento de la Tierra primitiva. Por lo general, estas rocas lo han visto todo: se han calentado, se han estrujado y se han sacudido en múltiples ocasiones durante los eones transcurridos desde que se formaron por primera vez. Todo lo que había en su interior, incluidos los fósiles, suele estar cocido o aplastado.

Al explorar una formación rocosa conocida como Apex Chert a principios de la década de 1980, Schopf observó algunas rocas que parecían relativamente poco deformadas para su edad. Las rocas que han sido calentadas a altas temperaturas o sometidas a altas presiones suelen contener en su interior minerales característicos que se formaron como consecuencia de esta deformación. Curiosamente, Apex Cher tenía relativamente pocos de esos minerales. Sabiendo que probablemente eran una rareza, Schopf llevó las rocas al laboratorio para sondear qué había en su interior. El chert, una roca formada a partir del sedimento del fondo marino, suele contener los restos de las criaturas que se asentaron en el fondo del océano tras morir.

El estudio de esta roca puede ser muy exigente. Cada roca se corta con una sierra de diamante y las astillas se colocan en un portaobjetos bajo el microscopio para su análisis. Schopf encargó el proyecto a dos estudiantes de posgrado, pero, tras dedicar un par de años de largas horas al microscopio, no encontraron nada. Retomando su trabajo, un tercer estudiante buscó durante unos meses y encontró unos filamentos microscópicos en el interior de las rocas. Pensando que no eran nada especial, los guardó en un armario de muestras para analizarlos más tarde. El estudiante acabó trabajando en la industria y los especímenes permanecieron en el armario dos años más.

Un día, sin saber lo que tenía, Schopf sacó las rocas del armario para estudiarlas. Algunos de los filamentos microscópicos parecían pequeñas astillas, como tiras y cintas. La mayoría estaban engarzadas como un collar de perlas, pequeñas estructuras circulares unidas entre sí. Schopf ya había visto estos patrones antes, en las algas verdeazuladas vivas que forman pequeñas colonias. Sin embargo, estas estructuras celulares procedían de rocas de casi tres mil quinientos millones de años de antigüedad. Schopf se atrevió a anunciar que había encontrado los fósiles más antiguos de la Tierra, procedentes de rocas que se habían formado mil millones de años después del origen del planeta y del sistema solar.

No todo el mundo estaba convencido; junto con la fanfarria, por supuesto, llegaron los detractores. Una de las críticas era que las estructuras como los filamentos que había encontrado Schopf podían ser un resultado natural de la formación de la roca a lo largo de miles de millones de años. Los detractores afirmaban que los fragmentos no eran fósiles, sino un tipo de grafito producido por rocas trituradas a altas presiones. Las revistas se llenaron de artículos que discutían los pros y los contras de la afirmación de Schopf. Este incluso mantuvo un debate público con un destacado oponente. El tema, los filamentos microscópicos en el interior de las rocas, puede sonar un poco esotérico, pero lo que estaba en juego, la comprensión de los primeros seres vivos, definitivamente no lo era.

Schopf intentó otra táctica. En lugar de comparar las formas de los filamentos y las algas verdeazuladas, buscó otra pista sobre la vida primitiva. Unas décadas después de su descubrimiento original, las nuevas tecnologías permitieron a los científicos analizar la química de los granos del interior de la roca y los fósiles putativos. El elemento carbono existe de varias formas en el planeta y algunos tipos de átomos de carbono son más pesados que otros. Los seres vivos metabolizan el carbono y utilizan un tipo específico de este. Dada esta característica química, la vida deja una huella en las rocas basada en las proporciones de los distintos carbonos en su interior.

Con un espectrómetro de masas (una máquina del tamaño de un lavavajillas doméstico), Schopf y sus colegas analizaron el contenido de carbono de los granos de la roca y de los filamentos, y descubrieron que los filamentos tenían la firma de carbono de la vida. Es más, representaban al menos cinco tipos distintos de seres vivos. Algunos tenían la huella de carbono de unas criaturas que poseían una forma primitiva de fotosíntesis. Otros parecían microbios que metabolizaban metano como combustible. Si el Apex Chert era una pequeña ventana a la Tierra primitiva, mostraba que hace tres mil quinientos millones de años la vida en el planeta ya era diversa. Ahora sabemos que las rocas pueden sondearse en busca de pruebas químicas de vida.

Aunque los fósiles hayan desaparecido hace tiempo, la firma química de la vida debería seguir presente, ya que, si las criaturas metabolizaban el carbono, el contenido de carbono alterado debería quedar como un residuo en la roca. Un equipo de Yale encontró indicios de vida en rocas aún más antiguas que el Apex Chert. Tenían 4 billones de años, es decir, 500 millones de años después de la formación del planeta y del sistema solar.

Lo que demuestran estas investigaciones es que, desde estos primeros comienzos hasta hace dos mil millones de años, la Tierra estuvo poblada únicamente por criaturas unicelulares que vivían solas o en colonias. Los genes de cada microbio daban lugar a muchas generaciones sucesivas: un individuo se dividía en varias hijas, estas se dividían y las generaciones crecían con el tiempo. La invención consistía sobre todo en desarrollar nuevos tipos de metabolismo, en crear adaptaciones químicas para procesar la energía, el combustible y los desechos e una forma más eficiente. Algunas especies obtenían la energía del azufre o el nitrógeno, otras de la luz y el dióxido de carbono. Otras utilizaban oxígeno para procesar la energía. De esta manera, estas criaturas unicelulares prepararon el terreno para las revoluciones venideras.

Los metabolismos microbianos cambiaron el mundo. Durante casi dos mil millones de años, las algas verdeazuladas fueron los seres vivos más abundantes del planeta. Mediante la fotosíntesis, utilizaban la luz del sol y el dióxido de carbono para producir energía utilizable, mientras que su producto de desecho era el oxígeno. Las algas verdeazuladas existen en forma de colonias, ya sea en tiras como las que encontró Schopf o en comunidades con forma de seta que pueden llegar a ser tan grandes como un horno microondas. Hace tres mil quinientos millones de años, estas colonias abundaban por todo el planeta. Al bombear oxígeno al aire durante miles de millones de años, cambiaron la atmósfera de forma radical. Partiendo de una atmósfera con muy poco oxígeno hace cuatro mil millones de años, los niveles de oxígeno consiguieron aumentar hasta el punto de poder albergar diversos tipos de vida.

El aumento de oxígeno fue una bendición mixta para los microbios. Para algunos, el oxígeno era un veneno, mientras que para otros abría nuevas posibilidades. Empezó a florecer un tipo de microbio que podía obtener su energía del oxígeno.

Durante miles de millones de años, las criaturas unicelulares fueron como un cuerpo sin órganos; no tenían orgánulos con funciones especializadas en su interior. Los primeros indicios del cambio se observaron en unos fósiles recuperados en una mina de hierro de Ishpeming (Michigan) en 1992. Estos fósiles se asemejan a tiras de células enrolladas y miden unos cinco centímetros de largo. Procedentes de rocas de casi dos mil millones de años de antigüedad, tienen la estructura clásica de una célula compleja con orgánulos. A primera vista no parecían gran cosa, pero estas pequeñas tiras enrolladas crearon una revolución.

Cuando una bacteria que metabolizaba el oxígeno se asoció con otro microbio, surgió un nuevo tipo de individuo en el planeta. Como demostró Margulis, la fusión no fue uno más uno igual a dos; fue más bien uno más uno igual a cuatrocientos. El huésped de esta fusión era una célula que tenía un núcleo y la maquinaria para generar diferentes tipos de proteínas. Al incorporar una bacteria consumidora de oxígeno y convertirla en su propia central eléctrica, la nueva célula combinada disponía de los recursos necesarios para fabricar unas proteínas cada vez más complejas y podía comportarse de una forma más compleja.

La bacteria unicelular ya no era libre para vivir por su cuenta; formaba parte de un todo mayor, un nuevo individuo más complejo con diferentes partes. La bacteria, que antes vivía libre, ya no podía reproducirse por sí sola cuando era necesario; sus funciones estaban al servicio de la célula huésped. Y la nueva célula combinada, ahora con la energía para vivir una existencia más activa y la maquinaria para fabricar nuevos tipos de proteínas, se convirtió en el precursor de otro cambio significativo en la historia de la vida.

Las nuevas células, estas fábricas de proteínas sobrealimentadas, prepararon al mundo para el surgimiento de otro nuevo tipo de individuo.

Juntos de nuevo

Todos los animales y plantas de la Tierra tienen un cuerpo compuesto por muchas células: recordemos que el gusano *C. elegans* tiene unas mil células, mientras que los humanos tenemos cuatro billones. A pesar de las grandes diferencias que podamos tener en el número de células, todos los cuerpos comparten similitudes muy profundas y antiguas. Los primeros cuerpos fósiles no se parecen demasiado, en realidad. Las rocas más antiguas, que datan de más de 600 millones de años de Australia, Namibia y Groenlandia, son meras impresiones. Lo que había dentro de la roca hace tiempo que se erosionó. Su tamaño oscila entre una moneda de cinco centavos y un plato de comida, y parecen cintas, frondas o discos. Aunque las formas no son inspiradoras, cómo surgieron es otra cuestión. Se trata de los primeros fósiles de vida multicelular, unas criaturas con cuerpo. Y los cuerpos eran en sí mismos un tipo de individuo totalmente nuevo en la Tierra.

Los filósofos tienen varias definiciones de lo que es un individuo, pero, en el sentido más básico, los individuos tienen un principio y un fin, un nacimiento y una muerte, y pueden reproducirse; lo que es más importante, las distintas partes de su interior trabajan juntas para formar un todo funcional. Cada uno de nosotros es un individuo, porque nuestro cuerpo, como el de otras plantas y animales, tiene todas estas propiedades. Además, nuestros cuerpos se mantienen sanos solo porque sus partes constituyentes trabajan juntas para formar entidades mayores. Por ejemplo, los cerebros están formados por billones de células nerviosas, pero una lista de ellas nunca explicaría cómo se forman los pensamientos, los sentimientos y los recuerdos. Los cerebros pueden producir pensamientos, pero las neuronas individuales no. El pensamiento es una propiedad de orden superior que procede de la organización de miles de millones de células nerviosas.

Las diversas células de los cuerpos también son individuos, pero de forma diferente. Cada célula nace y muere. Cada célula se reproduce. Y cada célula tiene partes en su interior que interactúan. Un cuerpo humano contiene casi cuatro billones de células, y estas células forman órganos, cada uno con su propio tamaño, forma y posición en el cuerpo. Las células tienen que reproducirse y morir de forma regular para que el corazón, el hígado y los intestinos tengan el tamaño y el lugar adecuados en el cuerpo. La coordinación de las células es lo que hace posible un cuerpo. Las células no se comportan de forma individual, sino que su crecimiento, muerte y vida se regulan para que el cuerpo funcione. Al limitar su reproducción y morir en el momento adecuado, las células del interior del cuerpo se sacrifican por un bien superior, el funcionamiento del organismo en su conjunto.

Una maquinaria molecular especial confiere a las células la capacidad de trabajar juntas y formar cuerpos. Las distintas células tienen que ser capaces de adherirse entre sí, ya que sería difícil tener un cuerpo sólido en el que las células no se adhirieran unas a otras de forma muy precisa. Las células de la piel, por ejemplo, tienen propiedades mecánicas especiales que les permiten adherirse unas a otras para formar las láminas de tejido. Fabrican los colágenos, las queratinas y otras proteínas que dan al tejido su tacto característico. Por último, las células del organismo necesitan comunicarse entre sí para coordinar su reproducción, su muerte y su actividad génica. Y, de nuevo, las proteínas son el medio por el que esto ocurre: las diferentes proteínas transmiten mensajes a las células que les indican dónde y cuándo dividirse, morir o segregar más proteínas.

La maquinaria genética que lo hace posible son las familias de genes de las que hablamos en el capítulo 5. Cada gen de la familia produce una proteína ligeramente diferente de sus primos. Por ejemplo, una clase de proteína, las cadherinas, reside en cien tipos diferentes de células, cada una de ellas específica de un tipo diferente de tejido: piel, nervios, huesos, etc. Estas proteínas mantienen unidas a las células, como en la piel, y sirven para que las células se comuniquen químicamente, indicándose unas a otras cuándo deben dividirse, morir o fabricar otras proteínas.

Aquí viene lo importante: la fabricación de estas proteínas suele ser costosa para una célula, porque sintetizarlas y ensamblarlas requiere una cantidad significativa de energía metabólica. Esta es la razón por la que los organismos no podrían haberse originado sin el nuevo tipo de célula de Margulis. La fusión de estas provocó que se formara una central eléctrica y un fabricante de proteínas. Esta quimera de célula disponía ahora de la energía y el ADN necesarios para fabricar la diversidad de proteínas que permitieron la evolución de los cuerpos. Podía unirse a otras células, comunicarse con ellas y comportarse de formas más complejas.

A lo largo de miles de millones de años, hemos asistido a la sucesión de individuos cada vez más complejos: el origen de un nuevo tipo de individuo, una célula con orgánulos, permitió el origen del siguiente, un cuerpo con muchas células.

Esta secuencia plantea la pregunta: ¿Cómo surgieron entonces los cuerpos?

Mi colega Nicole King, de Berkeley, ha dedicado su carrera a estudiar un tipo especial de criatura unicelular. Microscópica y con forma de gominola, tiene una característica inusual: un círculo de pelos sobresale de un extremo, como la tonsura de un monje asustado. Los coanoflagelados, o coanos, como los llama cariñosamente King, poseen unas características especiales. Hace una década se secuenció su genoma y se comparó con el de animales y otras criaturas unicelulares. El resultado fue la constatación de que los coanos son el pariente más cercano de los animales pluricelulares. Esta relación significa que podrían aportar pistas sobre los mecanismos que subyacen al origen de los organismos.

Además, los coanos son capaces de realizar un truco muy especial. Durante la mayor parte de su vida, se dedican a nadar libremente, usando sus pelos para desplazarse. Luego, en ocasiones especiales, pueden activar un disparador y combinarse para formar grupos. Conocidos como rosetas por su forma de flor, estos grupos pueden tener diez o más coanos, ahora unidos entre sí. La transición de una criatura unicelular a un grupo de muchas células, algo que llevó miles de millones de años de evolución, ocurre en un instante en los coanos.

Puede que King se haya formado como bióloga molecular, pero piensa como una paleontóloga. Al igual que los cazadores de fósiles observan a los seres vivos y se preguntan cuáles podrían haber sido sus antecedentes, King hace lo mismo con los procesos que forman los cuerpos, preguntándose qué mecanismos moleculares son necesarios para construirlos y de dónde proceden.

Si, como hemos visto, las células fabrican las proteínas especiales para crear cuerpos, entonces podremos encontrar pistas

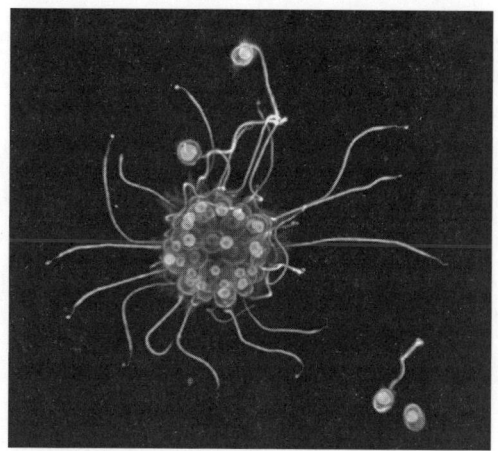

Los coanoflagelados pueden formar colonias, como la representada aquí.

sobre el origen de los cuerpos al explorar cómo se originan esas moléculas. Los genomas son los que ofrecen ahora las respuestas, con las secuencias de coanos, bacterias y otros microbios listos para ser explorados. Gracias a las bases de datos informáticas, los científicos pueden consultar el genoma de una criatura y saber con precisión qué proteínas puede fabricar.

Cuando se secuenció el genoma de los coanos, se reveló un hecho increíble. Muchas de las proteínas que forman los cuerpos ya están presentes en esta criatura unicelular. Utilizan las proteínas para formar rosetas o encontrar y consumir presas. Esta observación impulsó a King y a otros a una búsqueda aún más amplia, para examinar los genomas de diversos microbios. El resultado es un patrón de evolución que ya habíamos visto antes.

King y sus colegas descubrieron que las versiones de las proteínas que los animales utilizan para construir cuerpos, como los colágenos, las cadherinas y muchas otras, están presentes en una colección de criaturas unicelulares, desde bacterias a otras más complejas con orgánulos. ¿Qué hacen con estas proteínas si no están fabricando cuerpos? Las utilizan para adherirse a sus presas o a partes de su entorno, o las utilizan para evitar a los depredadores. Los seres unicelulares también pueden comunicarse entre sí mediante señales químicas. Los microbios, al adaptarse a su mundo, desarrollaron los precursores químicos que los animales utilizaron más tarde para fabricar sus cuerpos. La vida pluricelular solo es posible porque se han reutilizado nuevas combinaciones de moléculas a partir de su función original en la vida unicelular. Los grandes inventos que hicieron posibles los cuerpos son anteriores al origen de los propios cuerpos.

King ha descubierto recientemente el desencadenante que origina la formación de una roseta de coanoflagelados. Cuando los coanos se encuentran en presencia de una determinada especie bacteriana, empiezan a fabricar proteínas con el objetivo de agruparse. No sabemos exactamente por qué es la bacteria la que lo provoca. Es muy posible que haya una señal química que estimule el comportamiento de esta aglutinación. Sin embargo, la mera observación de este fenómeno es intrigante: las criaturas unicelulares no solo proporcionaron la materia prima para los cuerpos, sino que también pueden haberlos inducido.

La aparición de los cuerpos ha dependido tanto del potencial como de oportunidades. La maquinaria necesaria para fabricar los cuerpos existía desde mucho antes de que aparecieran por primera vez en los registros fósiles. Hace mil millones de años, el oxígeno había creado un nuevo mundo para las criaturas preparadas para prosperar en él. Con el aumento de los niveles de oxígeno en la atmósfera, las criaturas que lo metabolizaban podían llevar un estilo de vida más energético. Esa energía se aprovechó con la formación del nuevo tipo de célula de Margulis. La capacidad de fabricar proteínas a la escala industrial necesaria para fabricar cuerpos solo es posible porque las células disponían de una central eléctrica alimentada por oxígeno. Y había combustible en abundancia hace mil millones de años.

La suma de las partes

La organización de los cuerpos es muy parecida a la de las muñecas rusas: los cuerpos contienen los órganos, que a su vez están compuestos de tejidos que están hechos de células que tienen orgánulos, todos los cuales tienen genes en su interior. A lo largo de miles de millones de años de evolución, estas distintas partes fueron perdiendo su individualidad para convertirse en partes de un todo mayor. Los microbios de vida libre se combinaron entre ellos para crear un nuevo tipo de célula. Esa nueva célula tenía propiedades especiales que permitieron formar otra nueva combinación, los cuerpos pluricelulares. Sucesivamente, han surgido otro tipos de individuos más complejos, con partes cada vez más intrincadas.

Los cuerpos y las células se basan en comportamientos muy controlados de sus componentes. Sin embargo, bajo ese orden se esconde una cacofonía. La correcta coordinación de las partes de un cuerpo significa poner límites a los intereses contrapuestos de las distintas células y partes del genoma. Los distintos genes, orgánulos y células del interior de los cuerpos se reproducen continuamente, y una parte debe tomar el control. El conflicto entre las partes que se comportan de forma egoísta e intentan reproducirse sin control y las necesidades del organismo es la historia de la salud, la enfermedad y la evolución. El resultado puede ser una invención o una catástrofe.

Imagínate por un momento una célula que va por su cuenta y simplemente se divide y reproduce con desenfreno o, por el contrario, que no muere en el momento o lugar adecuados. Las células que se comportan de esta manera pueden llegar a tomar el control del cuerpo y destrozarlo. De hecho, esto es precisamente lo que hace el cáncer: las células cancerosas rompen las reglas establecidas y funcionan de forma egoísta, sin coordinar ni su reproducción ni su muerte con las necesidades del individuo en el que residen.

El cáncer revela una tensión esencial entre las partes y el todo, en nuestro caso, entre los componentes que forman los cuerpos y los propios cuerpos. Si las partes se comportan según su propio interés a corto plazo y se dividen sin control, pueden hacer que el cuerpo se descomponga. El cáncer es una enfermedad de mutaciones genéticas que se acumulan y hacen que las células proliferen demasiado rápido o no mueran de manera adecuada. En respuesta, los organismos han desarrollado una serie de defensas, como las respuestas inmunitarias, que eliminan las células rebeldes. Cuando estos puntos de control y estas defensas acaban por romperse y el comportamiento de las células se vuelve incontrolable, el cáncer se vuelve mortal.

Un conflicto similar tiene lugar en el interior del genoma. Los genes saltarines de Barbara McClintock existen para hacer copias de sí mismos, como hace una célula cancerosa. La guerra interior se libra entre los elementos egoístas que quieren proliferar salvajemente y el organismo individual. Con los genes que luchan por contener los elementos egoístas, los virus que invaden constantemente el cuerpo y los billones de células que trabajan juntas para mantener el organismo en funcionamiento, los cuerpos pluricelulares son una confederación de partes que surgieron en distintos momentos, a veces en distintos lugares. Estas partes, algunas en conflicto, otras cooperando, todas cambiando con el tiempo, alimentan el fuego de la evolución. Los cuerpos pueden evolucionar y variar de nuevas formas gracias a la diversidad de sus partes y a la forma en que interactúan.

El arte de mezclar

La rueda se inventó en el planeta Tierra hace unos seis mil años. Las maletas existen desde hace siglos. Las maletas con ruedas se inventaron hace unas décadas y cambiaron la vida de muchos de los que viajan. Cada vez que estoy en un aeropuerto, celebro cómo un invento revolucionario puede surgir de encontrar una nueva combinación.

Los orgánulos de Margulis revelaron el poder de la combinación como una fuente de invención en el mundo natural. ¿Qué ocurre si un linaje no inventa algo por sí mismo, sino que adquiere una característica que surgió en otra especie? Las mitocondrias que impulsan nuestras células no se inventaron mediante cambios en nuestro propio genoma, cuando nuestro antepasado era una criatura unicelular. Se inventaron en otro lugar y luego se incorporaron y reutilizaron cuando esas antiguas bacterias se fusionaron con nuestro linaje. Del mismo modo, los virus, a través de millones de años de infectar genomas, les aportaron la capacidad de fabricar nuevas proteínas. Cuando esos virus se reutilizaron, surgieron nuevas moléculas para ayudar en el embarazo y la memoria.

Los rasgos pueden aparecer en una especie para que otra los tome prestados, los robe y los modifique para nuevos usos. Los huéspedes pueden heredar un invento ya hecho en lugar de tener que construirlo ellos mismos. Las combinaciones de partes, y los nuevos tipos de individuos que pueden surgir de ellas, pueden abrir nuevas oportunidades para evolucionar.

Durante miles de millones de años, la vida existió únicamente en forma de células individuales y los inventos se basaban en las nuevas formas en que las criaturas metabolizaban la energía y las sustancias químicas que las rodeaban. La vida era pequeña. La aparición de individuos cada vez más complejos trajo consigo nuevas formas de fabricar proteínas, así como nuevas formas de desplazarse y alimentarse. Las criaturas con cuerpo —como los animales, las plantas y los hongos— son relativamente nuevas en el planeta y todas están compuestas por células derivadas de la fusión de diferentes individuos. La aparición de los cuerpos abrió una nueva forma de evolucionar. Las criaturas formadas por muchas células, cada una alimentada por orgánulos, podían crecer y desarrollar nuevos tejidos y órganos. El resultado es la diversidad de tejidos y órganos que ayudan a los animales a volar a las mayores altitudes, nadar en el fondo del océano e idear satélites para sondear los confines del sistema solar.

Apropiarse del futuro

El acto de combinar y reutilizar tecnologías e inventos de otras especies ha marcado nuestro pasado desde hace miles de millones de años. También forma parte de nuestro futuro.

En 1993, el microbiólogo español Francisco Mojica estudiaba las salinas de la Costa Blanca, en el sur de España. Su objetivo era comprender cómo habían evolucionado las bacterias para poder prosperar en un hábitat tan salino. Algo en su genoma les confería un tipo especial de resistencia a un entorno que para la mayoría de las especies es mortal. Después de casi una década siguiendo el rastro de los descubrimientos, secuenció su genoma y descubrió una característica desconcertante. La mayor parte de su ADN tenía una secuencia bacteriana estándar de letras diferentes. Sin embargo, en un pequeño número de lugares había un corto tramo que formaba un palíndromo, que se leía igual hacia delante y hacia atrás, como el nombre Hannah, solo que en este caso con las letras A, T, G y C. Además, este corto bloque de palíndromos estaba separado de otro a una distancia uniforme, formando un patrón repetitivo: palíndromo, espacio de otras secuencias, palíndromo y otro espacio de secuencias. De hecho, en un ejemplo de múltiplo en la ciencia, un laboratorio japonés había identificado estas secuencias palindrómicas más o menos una década antes.

Mojica pensó que no se trataba de una casualidad y buscó este extraño patrón en otras bacterias. Descubrió que era muy común y que se daba en más de veinte especies. Un patrón genómico tan bien definido y extendido debe tener una función, pero ¿cuál podría ser?

Para entonces, Mojica ya había creado su propio laboratorio en España, pero carecía del dinero suficiente para realizar una secuenciación o un trabajo de laboratorio de alta tecnología. Sin inmutarse, utilizó su ordenador de sobremesa, un programa de tratamiento de textos y una conexión a Internet para acceder a una base de datos de genes. Introdujo la secuencia de palíndromos y los espacios de secuencia que los separan para ver dónde podrían residir. Encontró varias coincidencias, pero no en otras bacterias. La mejor coincidencia se encontraba en un virus. Además, se trataba de un virus al que esta especie de bacteria había desarrollado resistencia. Siguió buscando en las ochenta y ocho regiones espaciadoras que separan los palíndromos, y más de dos tercios de ellas correspondían a virus a los que la bacteria era resistente. Era casi como si estas regiones protegieran a la bacteria de la invasión vírica. Mojica formuló una hipótesis audaz y sin contrastar: este sistema de espacios palindrómicos podía funcionar como un arma bacteriana contra los virus. Redactó su idea y la envió a algunas revistas importantes. Una de ellas la rechazó sin siquiera enviarla a revisión por pares. Otra la devolvió por carecer de «novedad o importancia». Este proceso se repitió cinco veces hasta que el trabajo acabó en una revista de evolución molecular. Ese mismo año, un laboratorio de Francia, utilizando métodos ligeramente distintos, publicó la misma idea de forma independiente.

A continuación, una red de otros laboratorios se lanzó a la caza. Este tipo de defensa bacteriana sería una bendición para la industria del yogur, cuyos cultivos sufren a manos de invasores víricos. Con este incentivo, pronto se demostró de forma convincente que este sistema evolucionó en una carrera armamentística contra los virus. Los virus atacan tanto a las bacterias como a los humanos. Nosotros nos defendemos de la mayoría de ellos con nuestro sistema inmunitario. Este mecanismo bacteriano confiere a las bacterias una especie de inmunidad. De igual manera, los palíndromos funcionan como un bisturí para cortar el ADN viral y hacerlo inofensivo. Es una defensa contra la naturaleza egoísta de los virus para infectar, dividirse y apoderarse de otros genomas.

A raíz de estos descubrimientos, varios laboratorios de todo el mundo llevaron a cabo una investigación creativa y revolucionaria sobre este bisturí molecular (conocido como *Cas9*) para demostrar cómo es posible reutilizar este sistema para editar no solo el ADN viral, sino el ADN de cualquier criatura. Con tan solo unos pocos meses de diferencia, se enviaron varios artículos a diferentes revistas científicas en los que se describían nuevas formas de modificar el sistema bacteriano para utilizarlo en otras especies. La técnica, conocida como CRISPR-Cas (que vimos utilizar a Nipam Patel para mover los apéndices en el *Parhyale*), es la base de la edición del genoma, un mecanismo ya conocido que puede editar los genomas de plantas, animales y personas y del que se puede obtener beneficios en todos los campos, desde la agricultura a la salud. Y esto es solo el principio: cada mes se desarrollan técnicas más precisas, rápidas y eficaces. Esta técnica puede reescribir las partes del genoma prácticamente de la noche a la mañana. En la historia evolutiva, este tipo de cambios han tardado millones de años en producirse. Aunque aún es pronto para esta tecnología y las noticias suelen ser exageradas, está claro que podemos reescribir las partes del genoma de plantas y animales de forma rápida y barata. Mi laboratorio ha aplicado esta técnica a los peces, en su aplicación más burda: borrando sus genes. Otros laboratorios son capaces de cortar y pegar secciones enteras del genoma, trasladando los genes y sus interruptores de una especie a otra o de un individuo a otro.

El descubrimiento de la edición genómica CRISPR-Cas sigue un camino trillado de cuatro mil millones de años de invención evolutiva. El avance que condujo a la revolución tecnológica no se produjo en la edición del genoma en animales y plantas, sino en un lugar diferente: la comprensión de los ecosistemas de agua salada. Lo que siguió fue un enmarañado camino de descubrimientos, con múltiples inventores desarrollando ideas similares al mismo tiempo, combinando tecnologías y respirando el mismo aire de descubrimiento. Y, al igual que en los inventos biológicos, un momento clave fue la readaptación de un invento de una especie, las bacterias, para su uso en otra, nosotros mismos. En el desarrollo de CRISPR-Cas trabajaron en paralelo cientos de científicos de alto y bajo nivel. Las peculiaridades de la historia, la multiplicidad y los numerosos antecedentes inesperados provocan que esta historia sea perfecta para una especie: los abogados. Las batallas por las patentes se sitúan en el ojo de la tormenta de la historia de CRISPR-Cas.

La idea de que nuestro cerebro consciente haya conseguido lo que las células y los genomas han estado haciendo por sí solos durante miles de millones de años me parece sublime. Una tecnología inventada en una criatura, las bacterias, ha sido tomada, modificada y adaptada en otras. El cerebro que se apropió y modificó estas invenciones biológicas está compuesto, en parte, de proteínas virales reutilizadas y se alimenta de bacterias que antes vivían en libertad. Las nuevas combinaciones, así, pueden cambiar el mundo.

EPÍLOGO

El día de Navidad de 2018, había estado encerrado en mi tienda la mayor parte de la mañana debido a una ventisca de verano. Cuando el tiempo se despejó, subí a una cresta por encima del campamento para estirar las piernas. Sintiéndome cada vez más liberado con cada paso que daba, por fin me encontré en la cima del Monte Ritchie, una de las crestas de la Cordillera Transantártica de la Antártida. Estaba rodeado por una meseta de hielo más grande que los Estados Unidos. Nuestro equipo había trasladado nuestra búsqueda de fósiles a rocas más antiguas que las del *Tiktaalik roseae*, cerca del Polo Norte. Aquí, en el extremo opuesto del planeta, buscábamos rastros de los primeros peces con esqueleto óseo. Las rocas del tipo y la edad adecuados en las que podrían hallarse tales fósiles nos llevaron a las montañas de esta parte de la Antártida.

Aquí, las cimas de las montañas se abren paso a través de los glaciares, exponiendo un pastel de capas de colores que forman un vibrante contraste con el mar de blancura que las rodea. Las capas tras capas de rojos, marrones y verdes guardan 400 millones de años de historia de la vida y del planeta. Las estructuras del interior de las rocas muestran que esta región polar fue antaño un gigantesco delta tropical del tamaño del

Amazonas y, más tarde, un lugar de intensa actividad volcánica. La vida también ha cambiado aquí. Las rocas del fondo tienen casi 400 millones de años y contienen sobre todo peces, mientras que las de la cima tienen 200 millones de años y albergan ecosistemas muy diversos de reptiles.

Visto desde esta distancia, resulta tentador observar estas capas e imaginar una progresión ordenada del cambio evolutivo. A esta escala más global, estas capas con los primeros microbios se sitúan bajo las de los primeros animales, las de los primeros peces bajo las de los anfibios, las de los primeros anfibios bajo las de los reptiles y así sucesivamente.

Tendemos a llenar las lagunas de nuestro conocimiento con nuestros propios prejuicios, normalmente con una combinación de esperanza, expectativa o miedo. Nuestras mentes tienden a unir los puntos de acontecimientos pasados para construir una narrativa en la que un cambio lleva al siguiente en una secuencia lineal. Todos hemos visto dibujos animados sobre la evolución humana que muestran un desfile que va de los monos a los simios y de estos a los humanos, pasando de criaturas encorvadas sobre cuatro patas a otras que caminan sobre dos. A menudo esta representación es satírica, y el final de la evolución aparece un humano en el sofá viendo *Los Simpson* o pegado a su teléfono. Esa visión de la historia está muy arraigada. ¿Cuántas veces has oído el término «eslabón perdido», como si hubiera una gran cadena evolutiva en la que un eslabón lleva inexorablemente al siguiente? ¿O que los eslabones perdidos deberían parecerse a una mezcla exacta de los rasgos de los antepasados y sus descendientes?

Es cierto que los primeros peces aparecieron antes que las primeras criaturas terrestres en el registro fósil. Pero, como hemos visto, cuanto más examinamos los fósiles, los embriones y el ADN de diversas especies, más descubrimos que muchos de los cambios que permitieron a los animales vivir en tierra surgieron antes, mientras los peces vivían en el agua. Todas las grandes revoluciones de la historia de la vida han seguido el mismo camino. Nada empieza cuando creemos que empieza: los antecedentes aparecen antes y en lugares distintos de los que imaginamos. Y como Darwin sabía cuando respondió a St. George Jackson Mivart hace más de 150 años, la historia de la vida no podría haber sucedido de otra manera.

Darwin no conocía el ADN, ni el funcionamiento de la célula, ni el modo en que las recetas genéticas construyen los cuerpos durante el desarrollo embriológico. Siempre retorciéndose, girando y en guerra consigo mismo y con los invasores externos, el ADN proporciona el combustible necesario para los cambios de la evolución. El 10 % de nuestro genoma está formado por virus antiguos y al menos otro 60 % consiste en elementos repetidos creados por genes saltarines enloquecidos. Solo el 2 % está formado por nuestros propios genes. Con las células y el material genético de distintas especies que se fusionan y genes que se duplican y reutilizan continuamente, la historia de la vida fluye más como un río trenzado y serpenteante que como un canal recto. La Madre Naturaleza es como un pastelero perezoso que elabora una desconcertante variedad de brebajes reutilizando, copiando, modificando y redistribuyendo muchas de sus antiguas recetas e ingredientes. De este modo, a través de eones de manipulación, duplicación y reutilización, los microbios unicelulares han evolucionado hasta el punto de que sus descendientes han prosperado en todos los hábitats del planeta e incluso han pisado la Luna.

De vez en cuando, vuelvo al diagrama que lanzó mi carrera hace tres décadas: la imagen de un pez conectado a un anfibio por una flecha. Ahora me parece pintoresco, incluso ingenuo. La figura reflejaba la biología evolutiva en una época en la que no sabíamos gran cosa de los genomas, los invasores virales o los genes que construyen los cuerpos. No sabíamos nada de los peces con extremidades que mis colegas y yo descubriríamos en 2004, ni de ninguno de los otros fósiles descubiertos recientemente que nos hablan de otros acontecimientos importantes en la historia de la vida. Hoy hacemos una ciencia que no habríamos podido soñar hace tan solo unas décadas. Al igual que la historia de la vida, los descubrimientos científicos están llenos de giros inesperados, callejones sin salida y oportunidades que cambian nuestra forma de ver el mundo que nos rodea. Las ideas que utilizamos para sondear la diversidad de la naturaleza son a su vez reutilizadas y modificadas a partir de las que nuestros predecesores desarrollaron hace décadas, si no siglos.

El poeta William Blake escribió sobre ver «el universo en un grano de arena y el cielo en una flor silvestre». Cuando sabes mirar, puedes ver miles de millones de años dentro de los órganos, las células y el ADN de todos los seres vivos, y puedes apreciar las conexiones que compartimos con el resto de la vida del planeta.

LECTURAS COMPLEMENTARIAS Y NOTAS

Existen excelentes introducciones generales a la historia de la vida y del planeta. Richard Fortey, paleontólogo consumado y escritor de talento, ha publicado dos libros de gran alcance: *Life: A Natural History of the First Four Billion Years of Life on Earth* (Nueva York: Vintage, 1999) y *Earth: An Intimate History* (Nueva York: Vintage, 2005). Richard Dawkins recorrió el árbol de la vida en orden inverso, narrando cómo han cambiado las especies a lo largo del tiempo y describiendo las herramientas que utilizamos para reconstruir esa historia en *The Ancestor's Tale: A Pilgrimage to the Dawn of Evolution* (Nueva York: Mariner Books, 2016). Entre los recursos más convincentes e informativos sobre la historia más primitiva de la vida se incluyen Andrew Knoll y su *Life on a Young Planet: The First Three Billion Years of Evolution on Earth* (Princeton, NJ: Princeton University Press, 2004), Nick Lane con *The Vital Question: Energy, Evolution, and the Origins of Complex Life* (Nueva York: Norton, 2015); y J. William Schopf con *Cradle of Life: The Discovery of Earth's Earliest Fossils* (Princeton, NJ: Princeton University Press, 1999). Para una historia amena y completa del registro fósil, véase Brian Switek, *Written in Stone: Evolution, the Fossil Record, and Our Place in Nature* (Nueva York: Bellvue Literary Press, 2010).

En los últimos años han aparecido una serie excelente de libros generales sobre genética y herencia, casi como múltiplos del registro evolutivo: Siddhartha Mukherjee, *The Gene: An Intimate History* (Nueva York: Scribner, 2017); Adam Rutherford, *A Brief History of Everyone Who Ever Lived: The Human Story Retold Through Our Genes* (Nueva York: The Experiment, 2017); y Carl Zimmer, *She Has Her Mother's Laugh: The Powers, Perversions, and Potential of Heredity* (Nueva York: Dutton, 2018). Para leer un relato apasionante de la evolución molecular y muchas de las nuevas ideas generadas por ella, véase David Quammen, *The Tangled Tree: A Radical New History of Life (Nueva York:* Simon and Schuster, 2018).

PRÓLOGO

Las referencias a las descripciones de «peces con brazos, serpientes con patas y simios que pueden caminar sobre dos piernas» se basan en N. Shubin et al, «The Pectoral Fin of *Tiktaalik roseae* and the Origin of the Tetrapod Limb», *Nature* 440 (2006): 764-71; D. Martill *et al.*, «A Four-Legged Snake from the Early Cretaceous of Gondwana», *Science* 349 (2015):416-19; y T. D. White *et al.*, «Neither Chimpanzee nor Human, *Ardipithecus* Reveals the Surprising Ancestry of Both», *Proceedings of the National Academy of Sciences* 112 (2015): 4877-84.

1. CINCO PALABRAS

El seminario fue impartido por el difunto Farish A. Jenkins, Jr., que se convirtió en mi mentor y colaborador en las expediciones que condujeron al descubrimiento de *Tiktaalik roseae*. El diagrama que me inspiró aparece en un pequeño y fabuloso libro sobre las grandes transformaciones en la evolución de los vertebrados: Leonard Radinsky, *The Evolution of Vertebrate Design* (Chicago: University of Chicago Press, 1987), figura 9.1, p. 78. Farish era un íntimo amigo de Radinsky, que había compartido con él varios borradores de las ilustraciones del libro, todas ellas realizadas por Sharon Emerson. Casualmente, Radinsky fue mi predecesor como director del departamento de anatomía de la Universidad de Chicago. Poco podía imaginar en la escuela de posgrado que su diagrama me inspiraría para seguir sus pasos décadas más tarde.

La cita de Lillian Hellman aparece en su autobiografía, *An Unfinished Woman: A Memoir* (Nueva York: Penguin, 1972). La traducción biológica de los conceptos que ella expresó son *exaptación* y *preadaptación*. Las sutiles distinciones entre ellos se analizan en Stephen J. Gould y Elisabeth Vrba, «Exaptation-A Missing Term in the Science of Form», *Paleobiology* 8 (1982): 4-15. Véase también W. J. Bock, «Preadaptation and Multiple Evolutionary Pathways», *Evolution* 13 (1959): 194-211. Ambos trabajos contienen numerosos ejemplos.

La historia de St. George Jackson Mivart está tomada de J. W. Gruber, *A Conscience in Conflict: The Life of St. George Jackson Mivart* (Nueva York: Temple University Publications, Columbia University Press, 1960). La obra de Mivart *On the Genesis of Species*, publicada en 1871, está disponible en línea en https://archive.org/details/a593007300mivauoft.

La sexta edición de *El origen de las especies* de Darwin también está disponible en línea, en https://www.gutenberg.org/files/2009/2009-h/2009-h.htm. La opinión de Gould sobre «el problema del 2 % de un ala» se encuentra en Stephen Jay Gould, «Not Necessarily a Wing», *Natural History* (octubre de 1985).

Mi descripción de la vida y obra de Saint-Hilaire procede de H. Le Guyader, *Geoffroy Saint-Hilaire: A Visionary Naturalist* (Chicago: University of Chicago Press, 2004), y de P.

Humphries, «Blind Ambition: Geoffroy St-Hilaire's Theory of Everything», *Endeavor* 31 (2007): 134-39.

La descripción original del pez pulmonado australiano figura en A. Gunther, «Description of *Ceratodus,* a Genus of Ganoid Fishes, Recently Discovered in Rivers of Queensland, Australia», *Philosophical Transactions of the Royal Society of London* 161 (1870-71): 377-79. La historia del descubrimiento se puede encontrar en A. Kemp, «The Biology of the Australian Lungfish, *Neoceratodus forsteri* (Krefft, 1870)», *Journal of Morphology Supplement* 1 (1986): 181-98.

Sobre las relaciones evolutivas y de desarrollo entre las vejigas natatorias y los pulmones, véase Bashford Dean, *Fishes, Living and Fossil* (Nueva York: Macmillan, 1895). Su catálogo de la colección de armaduras del Museo Metropolitano de Arte está disponible en formato digital en http://libmma.contentdm.oclc.org/cdm/ref/collection/p15324coll10/id/17498. Para conocer más sobre su obra y su vida, véase https://hyperallergic.com/102513/the-eccentric-fish-enthusiast-who-brought-armor-to-the-met/.

Entre los análisis de la respiración aérea cabe citar el de K. F. Liem, «Form and Function of Lungs: The Evolution of Air Breathing Mechanisms», *American Zoologist* 28 (1988): 739-59; y Jeffrey B. Graham, *Air-Breathing Fishes* (San Diego: Academic Press, 1997). Ambas obras muestran cómo los pulmones son la condición primitiva de los peces óseos y corroboran la comparación entre las vejigas natatorias y los pulmones.

Existen recientes comparaciones genéticas entre pulmones y vejigas natatorias que han hallado profundas similitudes entre las mismas. Véase A. N. Cass *et al.,* «Expression of a Lung Developmental Cassette in the Adult and Developing Zebrafish Swimbladder», *Evolution and Development* 15 (2013): 119-32. Dean y sus contemporáneos estarían orgullosos.

La historia de los pulmones es solo un ejemplo de la importancia de un cambio de función en el origen de los peces terrestres. Gunnar Säve-Söderbergh, a sus veintidós años, estaba al frente de un pequeño equipo de geólogos que exploraban las rocas de la región en busca de fósiles. La búsqueda era relativamente sencilla y poco tecnológica. Cada día, el equipo se dispersaba por las rocas en busca de huesos erosionados en la superficie. Cuando encontraban alguno, rastreaban los fragmentos para intentar identificar la capa rocosa de la que procedían. Estas fueron precisamente las técnicas que mi equipo utilizaría casi ochenta años más tarde en el Ártico canadiense para encontrar al *Tiktaalik roseae*. Säve-Söderbergh buscaba las primeras criaturas que caminaron sobre la tierra. En aquel momento, nadie había encontrado ni rastro de esos animales con extremidades en las rocas del Devónico, que tienen unos 365 millones de años. Su objetivo era buscar rocas más antiguas para encontrar un anfibio parecido a un pez, una especie que difuminara la distinción entre pez y anfibio.

Säve-Söderbergh era legendario por su energía; trabajaba hasta altas horas de la noche y recorría enormes distancias para encontrar fósiles. También tenía una gran confianza en sí mismo. Los pesimistas no encuentran fósiles; hay que creer que hay fósiles en todas las rocas para dedicarles largas horas y muchos esfuerzos fallidos hasta encontrarlos. Cada día, su equipo debía colocar sus hallazgos en una de dos cajas: P de peces (Piscis) y A de anfibios. Era una decisión audaz. Nadie había encontrado nunca un anfibio en rocas de esa antigüedad. Como puede imaginarse, a lo largo de la temporada de campo de 1929, la caja de los peces se llenó de fósiles y la de los anfibios permaneció vacía.

Casi al final de la temporada, Säve-Söderbergh encontró una serie de fragmentos óseos de aspecto extraño entre los escombros de Celsius Berg, un peñasco de color rojo intenso adyacente al hielo del mar de Groenlandia oriental. Recogió casi una docena de placas de hueso, cada una de las cuales estaba incrustada en la roca y oscurecía la mayor parte de su estructura. Con sus protuberancias y crestas, estas placas se parecían a algunos de los peces fósiles conocidos en aquella época. A juzgar por lo que se conservaba, pertenecían a la caja de los peces. Parecían proceder de un cráneo, pero eran demasiado planas para asociarlas a ningún pez conocido en la época. Säve-Söderbergh pensó que podían ser anfibios. Como buen optimista, las colocó en la caja A.

De regreso a Suecia, Säve-Söderbergh comenzó el laborioso proceso de retirar los granos de la roca que rodeaban cada hueso. Al retirar las capas se descubrió una auténtica maravilla. Había encontrado lo que parecía un pez con forma de cuerpo, pero su cabeza tenía el hocico largo y la forma plana de un anfibio. Säve-Söderbergh había encontrado su anfibio primitivo.

Este fósil se convirtió en una celebridad. Säve-Söderbergh también lo habría sido, pero murió trágicamente de tuberculosis antes de cumplir los treinta años.

La historia del trabajo de Säve-Söderbergh fue contada por un colega y amigo suyo, Erik Jarvik. Jarvik, miembro de las primeras expediciones, incluyó una breve historia de las expediciones a Groenlandia en su voluminosa monografía sobre *Ichthyostega*, uno de los primeros tetrápodos del Devónico descubiertos: E. Jarvik, «The Devonian Tetrapod *Ichthyostega*», *Fossils and Strata* 40; (1996): 1-212. Carl Zimmer, *At the Water's Edge: Fish with Fingers, Whales with Legs* (Nueva York: Atria, 1999), habla de Säve-Söderbergh, Jarvik y la historia general de este campo en un relato muy ameno.

Cinco décadas después de Säve-Söderbergh, mi colega Jenny Clack, de la Universidad de Cambridge, volvió a Celsius Berg y a sus otros yacimientos para mirarlos con nuevos ojos. Su equipo de paleontólogos conocía bien los descubrimientos y las notas de Säve-Söderbergh. Su objetivo era encontrar las partes del esqueleto que faltaban, las que él no había recogido. En medio de todo el alboroto en torno a los fósiles se había perdido el hecho de que sus extremidades eran poco conocidas. Golpeando las rocas, Clack se propuso corregir eso. Con el equipo adecuado, buen tiempo y la certeza de que las rocas eran prometedoras, regresó con un tesoro de fósiles. Y estos fósiles tenían esqueletos de extremidades bien conservados conectados a ellos.

Las extremidades presentaban el clásico patrón de un hueso-dos huesos-huesitos-dígitos que se observa en todas las especies con extremidades, ya sea mamífero, ave, anfibio o reptil (véanse las páginas 119-20). Lo novedoso se encontraba en las manos y los pies. Estos animales tenían más de cinco dedos en manos y pies, hasta ocho, y los dedos adicionales hacían que las extremidades fueran anchas y planas. Todo en ellos, desde sus proporciones hasta las cicatrices musculares en los huesos individuales, implicaba que se utilizaban como remos o palas en el agua. Esta extremidad se parecía más a una aleta que a una mano.

¿Qué tiene esto que ver con las cinco palabras de Darwin? Los primeros animales que poseían extremidades con dedos en las manos y en los pies no las utilizaban para caminar sobre la tierra, sino para remar en el agua o maniobrar en los bajíos de pantanos y arroyos. Como en el caso de los pulmones, los primeros usos de estos grandes inventos de las criaturas terrestres no fueron para vivir en tierra, sino para utilizar el medio acuático de nuevas formas. El órgano surgió pronto en un entorno y la gran revolución —el cambio a un nuevo medio— se produjo al reutilizarlo para una nueva función.

La obra magistral de Clack *Gaining Ground: The Origin and Evolution of Tetrapods* (Bloomington: Indiana University Press, 2012) es el resultado de toda una vida de trabajo sobre el origen de los tetrápodos por parte de una persona que introdujo ese campo en la era moderna. Su libro incluye tanto la ciencia como la historia del campo junto con un importante relato personal de su trabajo en los yacimientos devónicos de Groenlandia.

Tanto en los animales vivos como en los extinguidos hace tiempo, los pulmones, brazos, codos y muñecas aparecen por primera vez en los animales acuáticos. La gran revolución de la vida en el agua a la vida en la tierra no implicó nuevos inventos, sino que supuso varios cambios en los inventos que se habían producido millones de años antes.

Si la historia fuera un único camino de cambios, en el que un paso llevara inexorablemente al siguiente, cada uno con una mejora gradual para una única función, los grandes cambios serían imposibles. Cada transición importante exigiría esperar a que surgiera no solo una invención, sino toda una agencia de patentes llena de ellas. Si, por el contrario, los inventos ya están ahí, haciendo otra cosa, una simple reutilización puede abrir nuevas vías de cambio. Esta capacidad de cambio es el poder de las cinco palabras de Darwin.

Sabiendo que las antiguas criaturas vivían en el agua con pulmones, huesos en los brazos, muñecas e incluso dígitos, nuestra pregunta sobre la invasión de la tierra por los peces cambia. En lugar de la pregunta «¿Cómo pudieron evolucionar las criaturas para caminar sobre la tierra?», la pregunta pasa a ser «¿Por qué no se produjo esta transición antes en la historia del planeta?».

Las rocas vuelven a dar las respuestas a esta incógnita. Durante miles de millones de años, todas las rocas del planeta Tierra carecieron de una cosa. Las rocas que datan de hace unos 4 000 millones y 400 millones de años muestran signos de vastos océanos y pequeñas vías marítimas, y en tierra, marcas de ríos rápidos capaces de mover rocas y cantos rodados. Sin embargo, no muestran pruebas de la existencia de plantas en tierra.

Imagina un mundo sin plantas en la tierra. Las plantas se descomponen cuando mueren y crean el suelo. Las plantas tienen raíces que mantienen unido el suelo. Este era un mundo estéril, rocoso y sin suelo. También carecía de alimentos para los animales.

Las plantas terrestres aparecieron por primera vez en los registros fósiles hace unos 400 millones de años y las criaturas parecidas a los insectos poco después. La invasión de la tierra por las plantas creó un mundo completamente nuevo, en el que los bichos e insectos podían prosperar. Algunas de las hojas fósiles de las plantas presentan daños, lo que implica que fueron devoradas por estos primeros insectos. Con la llegada de las plantas a la tierra nació el detrito, ya que las plantas morían y se pudrían. Los suelos resultantes de esto hicieron posibles el nacimiento de arroyos poco profundos y estanques que sirvieron de hábitat a peces y anfibios.

La razón por la que los peces con pulmones no se desplazaron a tierra firme antes de hace 375 millones de años fue que hasta entonces la tierra era inhóspita. Las plantas y los insectos que las siguieron, lo cambiaron todo; los ecosistemas se convirtieron en habitables para cualquier pez con capacidad de pasar breves periodos en tierra. Solo cuando aparecieron nuevos entornos pudieron nuestros lejanos antepasados peces dar esos primeros pasos, utilizando órganos que ya habían aparecido mientras estaban en el agua. El momento lo es todo.

Hay muchos estudios geológicos recientes que han demostrado cómo las plantas han cambiado el mundo, sobre todo cómo la invasión de la tierra por las plantas cambió la naturaleza de los arroyos que existían en el Devónico. Las plantas con raíces permitieron la formación de suelos, los cuales permitieron formar riberas estables para los arroyos poco profundos. Para más discusión y análisis de este tema, véase M. R. Gibling . y N. S. Davies, «Palaeozoic Landscapes Shaped by Plant Evolution», *Nature Geoscience* 5 (2012): 99-105.

Para revisiones generales de la evolución de los dinosaurios y las relaciones con las aves, y relatos populares de científicos especializados en dinosaurios, véase Lowell Dingus y Timothy Rowe, *The Mistaken Extinction* (Nueva York: W. H. Freeman,

1998); Steve Brusatte, *The Rise and Fall of the Dinosaurs: A New History of a Lost World (Nueva York:* HarperCollins, 2018); y Mark Norell y Mick Ellison, *Unearthing the Dragon* (Nueva York: Pi Press, 2005).

Para un precioso relato popular del trabajo de Huxley sobre el *Archaeopteryx* y el origen de las aves, véase Riley Black, «Thomas Henry Huxley and the Dinobirds», *Smithsonian* (diciembre de 2010).

Sobre el barón Nopcsa, su pintoresca vida y su ciencia pionera, véase E. H. Colbert, *The Great Dinosaur Hunters and Their Discoveries* (Nueva York: Dover, 1984); Vanessa Veselka, «History Forgot This Rogue Aristocrat Who Discovered Dinosaurs and Died Penniless», Smithsonian (julio de 2016); y David Weishampel y Wolf-Ernst Reif, «The Work of Franz Baron Nopcsa (1877-1933): Dinosaurs, evolution and theoretical tectonics », *Jahrbuch der Geologischen Anstalt* 127 (1984): 187-203. El trabajo de John Ostrom se publicó en varios artículos en los años sesenta y setenta, incluida su descripción formal del Deinonychus: J. Ostrom, «Osteology of *Deinonychus antirrhopus,* an Unusual Theropod from the Lower Cretaceous of Montana», *Bulletin of the Peabody Museum of Natural History* 30 (1969): 1-165. Entre los trabajos que siguieron figuran J. Ostrom, *«Archaeopteryx* and the Origin of Birds», *Biological Journal of the Linnaean Society* 8 (1976): 91-182; y J. Ostrom, «The Ancestry of Birds», *Nature* 242 (1973): 136-39. Para una reseña de las contribuciones de Ostrom, véase Richard Conniff, «The Man Who Saved the Dinosaurs», *Yale Alumni Magazine* (julio de 2014).

Existen numerosos estudios recientes sobre el origen de estos rasgos que han abarcado los campos de la paleontología y la biología del desarrollo. Véanse R. Prum y A. Brush, «Which Came First, the Feather or the Bird?», *Scientific American* 288 (2014): 84-93; y R. O. Prum, «Evolution of the Morphological Innovations of Feathers», *Journal of Experimental Zoology* 304B (2005): 570-79.

2. IDEAS EMBRIONARIAS

La historia de Duméril se explica mejor por su sorpresa inicial y su resolución final del enigma. Tras hacerlo, creó una colonia de cría de axolotes y los regaló generosamente a cualquier investigador que los quisiera. Es probable que hoy en día sigan existiendo descendientes de esa población en los laboratorios. Aunque el título pueda engañar, un buen artículo reciente sobre Duméril es el de G. Malacinski, «The Mexican Axolotl, *Ambystoma mexicanum:* Its Biology and Developmental Genetics, and Its Autonomous Cell-Lethal Genes», *American Zoologist* 18 (1978): 195-206. Algunos de los primeros trabajos de Duméril aparecieron en M. Auguste Duméril, «On the Development of the Axolotl», *Annals and Magazine of Natural History* 17 (1866): 156-57; y «Experiments on the Axolotl», *Annals and Magazine of Natural History 20* (1867): 446-49.

El campo de la embriología ha sido bendecido con libros de texto muy buenos que han impulsado con creces la investigación en este campo. Entre ellos se encuentran Michael Barresi y Scott Gilbert, *Developmental Biology* (Nueva York: Sinauer Associates, 2016); y Lewis Wolpert y Cheryll Tickle, *Principles of Development* (Nueva York: Oxford University Press, 2010).

Mi tratamiento de von Baer (incluida su cita sobre la identificación errónea de embriones en viales) y Pander se basa en parte en el trabajo histórico de Robert Richards, disponible en línea en home.uchicago.edu/~rjr6/articles/ von%20Baer. doc. *Ontogeny and Phylogeny* (Cambridge, MA: Belknap Press, 1985), de Stephen Jay Gould, contiene una magnífica historia de la embriología en su primera mitad, donde aborda los trabajos de von Baer, Haeckel y Duméril. Un breve artículo de revisión es una magnífica continuación: B. K. Hall, «Balfour, Garstang and deBeer: The First Century of Evolutionary Embryology», *American Zoologist* 40 (2000): 718-28.

A lo largo de los años, y aunque muchos aprendieron las ideas de Haeckel en la escuela, muchos de científicos tenían una relación de amor/odio hacia él: algunos eran acólitos de su obra, mientras que otros, como Garstang, pensaban que era un fraude. Hay muchas historias recientes que han mantenido diversas opiniones, como se ve en Robert Richards, *The Tragic Sense of Life: Ernst Haeckel and the Struggle over Evolutionary Thought* (Chicago: University of Chicago Press, 1985). Algunos embriólogos recientes creen que algunos de los diagramas originales de Haeckel fueron, por decirlo de forma amable, dibujados para enfatizar sus puntos principales: M. K. Richardson *et al.*, «Haeckel, Embryos and Evolution», *Science* 280 (1998): 718-28.

Apsley Cherry-Garrard, *El peor viaje del mundo* (Londres: Penguin Classics, 2006), es un clásico de la literatura de expediciones. Lo leí antes de mi primera expedición a la Antártida. Hizo que McMurdo Sound, Hut Point y el Monte Erebus me parecieran paisajes familiares cuando los vi por primera vez.

Walter Garstang, *Larval Forms and Other Zoological Verses* (Oxford: Blackwell, 1951), fue reeditado por University of Chicago Press en 1985.

La heterocronía cuenta con una vasta bibliografía que se remonta a los tiempos de Garstang, si no antes. Se han propuesto taxonomías enteras de los ritmos y el calendario de desarrollo. Para una panorámica de algunos de los principales enfoques (con buenas referencias), véase P. Alberch *et al.*, «Size and Shape in Ontogeny and Phylogeny», *Paleobiology* 5 (1979): 296-317; Gavin DeBeer, *Embryos and Ancestors* (Londres: Clarendon Press, 1962); y Stephen Jay Gould, *Ontogeny and Phylogeny* (Cambridge, MA: Belknap Press, 1985). El libro de Gould tuvo una gran repercusión en la década de 1980, lo que renovó el interés por este enfoque.

La biología de los anfibios y la metamorfosis se tratan en W. Duellman y L. Trueb, *Biology of Amphibians* (Nueva York: McGraw-Hill, 89:D); y D. Brown y L. Cai, «Amphibian

Metamorphosis», *Developmental Biology* 306 (2007): 20-33. El libro de Duellman y Trueb es un relato exhaustivo de la anatomía, la evolución y el desarrollo.

Recientemente, los análisis de genomas han identificado a los tunicados, incluidas las ascidias, como los parientes vivos más cercanos de los animales vertebrados. Véase F. Delsuc *et al.*, «Tunicates and Not Cephalochordates Are the Closest Living Relatives of Vertebrates», *Nature* 439 (2006): 965-68. Nuestra comprensión de los orígenes de los vertebrados también se basa en otro ser vivo, el anfioxo, cuyo genoma se analiza en L. Z. Holland *et al.*, «The Amphioxus Genome Illuminates Vertebrate Origins and Cephalochordate Biology», *Genome Research* 18 (2008): 1100-11.

Para una revisión general de la hipótesis de Garstang y el problema del origen de los vertebrados, véase Henry Gee, *Across the Bridge: Understanding the Origin of Vertebrates* (Chicago: University of Chicago Press, 2018).

La icónica foto de Naef ha generado un gran debate a lo largo de los años. No cabe duda de que utilizó especímenes de taxidermia montados. Véase, más recientemente, Richard Dawkins, *The Greatest Show on Earth* (Nueva York: Free Press, 2010). Aunque es probable que las posturas fueran ensayadas, la similitud de las proporciones de la bóveda craneal, la cara y la posición del foramen magnum entre los chimpancés juveniles y los humanos se ha demostrado de forma cuantitativa en las referencias que figuran a continuación.

Los defensores más destacados de la paedomorfosis humana fueron Ashley Montagu, *Growing Young* (Nueva York: Greenwood Press, 1989); y Stephen Jay Gould, *Ontogeny and Phylogeny* (Cambridge, MA: Belknap Press, 1985). Una opinión contraria es la de B. T. Shea, «Heterochrony in Human Evolution: The Case for Neoteny Reconsidered», *Yearbook of Physical Anthropology* 32 (1989): 69-101. Mientras que ciertos rasgos parecen ser paedomórficos, otros, como la bipedalidad, no.

D'Arcy Wentworth Thompson, *On Growth and Form* (Nueva York: Dover, 1992), publicado originalmente en 1917, inició una revolución en la biología cuantitativa. Desde entonces, la morfometría, el análisis cuantitativo de los cambios de forma, ha sido un campo de investigación muy activo.

La importancia de la cresta neural en el desarrollo y la evolución se revisa en C. Gans y R. G. Northcutt, «Neural Crest and the Origin of Vertebrates: A New Head», *Science* 220; (1983): 268-73; y Brian Hall, *The Neural Crest in Development and Evolution* (Amsterdam: Springer, 1999).

El trabajo y la vida de Julia Platt se analizan en S. J. Zottoli y E. Seyfarth, «Julia B. Platt (1875-1935): Pioneer Comparative Embryologist and Neuroscientist», *Brain, Behavior and Evolution* 43 (1994): 92-106.

3. UN MAESTRO EN EL GENOMA

La cita apócrifa está tomada de J. D. Watson, *The Double Helix* (Nueva York: Touchstone, 2001). La cita completa de Watson y Crick aparecía en un artículo de dos páginas en el que anunciaban el hallazgo a la ciencia: «Queremos sugerir una estructura para la sal del ácido nucleico de desoxirribosa (A.N.D.). Esta estructura tiene características novedosas de considerable interés biológico». J. D. Watson y F. Crick, «Una estructura para el ácido nucleico de desoxirribosa», *Nature* 171 (1953): 737-38.

La historia del descubrimiento del funcionamiento del ADN y las formas en que fabrica proteínas se analiza en Matthew Cobb, *Life's Greatest Secret: The Race to Crack the Genetic Code* (Nueva York: Basic Books, 2015). Véase también la obra clásica de Horace Freeland Judson, *The Eighth Day of Creation: Makers of the Revolution in Biology* (Nueva York: Simon and Schuster, 1979).

Zuckerkandl y Pauling lanzaron su nuevo enfoque en una serie de artículos a mediados de la década de 1960. Entre los más importantes figuran E. Zuckerkandl y L. Pauling, «Molecules as Documents of Evolutionary History», *Journal of Theoretical Biology* 8 (1965): 357-66 y E. Zuckerkandl y L. Pauling, «Evolutionary Divergence and Convergence in Proteins», 97-166, en V. Bryson y H. J. Vogel, eds., *Evolving Genes and Proteins* (Nueva York: Academic Press, 1965).

Zuckerkandl y Pauling pretendían algo más que descubrir las relaciones entre las especies. Propusieron utilizar las diferencias en las proteínas y los genes como una especie de reloj para saber cuánto tiempo llevaban las especies evolucionando de forma independiente unas de otras. Si las tasas de cambio en la secuencia de una proteína son relativamente constantes a lo largo de grandes escalas de tiempo, entonces las diferencias en las proteínas pueden convertirse en una forma de interpretar el tiempo.

La hipótesis del reloj molecular supone que, durante largos periodos de tiempo, los cambios en la secuencia de aminoácidos de una proteína serán constantes. Una forma de aplicar este concepto se basa en la comprensión de las secuencias de aminoácidos. Tomemos un ejemplo completamente hipotético, comparando una especie de rana, un mono y un humano. Empezaríamos por secuenciar las proteínas y luego contaríamos el número de aminoácidos que difieren entre cada una de las especies. Digamos que estamos analizando una proteína de la piel y la proteína de la rana difiere de la humana y de la del mono en ochenta aminoácidos. Los humanos y los monos solo difieren en treinta. Para desplegar el reloj molecular, necesitaríamos tener una fecha fósil para fijar la tasa de cambio de aminoácidos; entonces podríamos aplicar esa tasa a los lugares donde no tenemos fósiles.

Supongamos que tenemos un fósil que sugiere que las ranas, los monos y las personas compartieron un antepasado común hace 400 millones de años. Para calibrar el reloj, dividiríamos 80 entre 400 para obtener una tasa de cambio proteico del 0,2 % en un millón de años. Con esta cifra, podríamos calcular cuánto tiempo hace que los humanos y los monos compartieron un ancestro común multiplicando 0,2 por 30, para obtener seis millones de años. Este ejemplo es hipotético, pero muestra cómo primero secuenciaríamos las proteínas, contaríamos las diferencias de aminoácidos entre ellas, utilizaríamos un fósil para estimar la tasa de cambio de las proteínas y luego aplicaríamos esa tasa para comprender las edades de acontecimientos de los que no tenemos fósiles.

El relato del intento de Zuckerkandl y Pauling de escribir un artículo escandaloso, así como el contexto histórico general de su trabajo, se analizan en G. Morgan, «Émile Zuckerkandl, Linus Pauling, and the Molecular Evolutionary Clock», *Journal of the History of Biology* 31 (1998): 155-78. Su artículo resultante es E. Zuckerkandl y L. Pauling, «Molecular Disease, Evolution and Genic Heterogeneity» 189-225, en Michael Kasha y Bernard Pullman, eds., *Horizons in Biochemistry: Albert Szent-Györgyi Dedicatory Volume* (Nueva York: Academic Press, 1962).

Para una historia oral con Émile Zuckerkandl, véase «El reloj molecular», disponible en https://authors.library.caltech. edu/HEHD/8/hrst.mit.edu/hrs/evolution/public/clock/zuckerkandl.html.

Allan Wilson y Mary-Claire King siguieron este planteamiento en sus trabajos. En un principio, se basaban en un importante y controvertido artículo sobre el reloj molecular que sugería que los humanos y los chimpancés tenían una ascendencia común relativamente reciente. Ese artículo es A. Wilson y V. Sarich, «A Molecular Time Scale for Human Evolution», *Proceedings of the National Academy of Sciences* 63 (1969): 1088-93. Su objetivo era añadir más proteínas a este análisis para calibrar ese reloj con mayor precisión. El artículo épico de King es M. C. King y A. C. Wilson, «Evolution at Two Levels in

Humans and Chimpanzees», *Science* 188 (1975): 107-16. Los dos niveles a los que se referían eran la evolución a nivel de codificación de proteínas y la evolución a nivel de regulación de genes, es decir, los interruptores. Sus datos sugerían que muchas de las diferencias entre humanos y chimpancés se deben a diferencias en el lugar y el tiempo que están activos los genes; de ahí la regulación génica.

Una confirmación más reciente de su trabajo se describe en Kate Wong, «Tiny Genetic Differences Between Humans and Other Primates Pervade the Genome», *Scientific American,* 1 de septiembre de 2014; y K. Prüfer *et al.*, «The Bonobo Genome Compared with Chimpanzee and Human Genomes», *Nature* 486 (2012): 527-31.

Hay varios recursos digitales que cubren la historia y el impacto del Proyecto Genoma Humano, como «The Human Genome Project (1990-2003)», The Embryo Project Encyclopedia, https://embryo.asu.edu/ pages/human-genome-project-1990-2003; «What Is the Human Genome Project?», National Human Genome Research Institute, https://www.genome.gov/12011238/an-overview-of-the-humangenome-project/; y https://www.nature.com/scitable/topicpage/sequencing-human-genome-the-contributions-of-francis-686.

Entre los principales artículos científicos sobre el proyecto figuran el International Human Genome Sequencing Consortium, «Finishing the Euchromatic Sequence of the Human Genome», *Nature* 431 (2004): 931-45; e International Human Genome Sequencing Consortium, «Secuenciación inicial y análisis del genoma humano», *Nature* 409 (2001): 860-921.

Algunos libros relevantes sobre el Proyecto Genoma Humano son Daniel J. Kevles y Leroy Hood, eds., *The Code of Codes* (Cambridge, MA: Harvard University Press, 2000); y James Shreeve, *The Genome War: How Craig Venter Tried to Capture the Code of Life and Save the World* (Nueva York: Random

House, 2004). Un relato de primera mano es John Craig Venter, *A Life Decoded: My genoma: My Life* (Nueva York: Viking Press, 2007).

La estructura del genoma y el número de genes cuentan con una amplia bibliografía, que incluye varios proyectos destacados de múltiples investigadores. Una muestra introductoria, con buenas bibliografías, incluye A. Prachumwat y W.-H. Li, «Gene Number Expansion and Contraction in Vertebrate Genomes with Respect to Invertebrate Genomes», *Genome Research* 18 (2008): 221-32; y R. R. Copley, «The Animal in the Genome: Genómica comparativa y evolución», *Philosophical Transactions of the Royal Society, B* 363 (2008): 1453-61. La revista *Nature tiene* una buena página web introductoria: está disponible en https://www.nature.com/scitable/topicpage/eukaryotic-genomecomplexity-437.

Los potentes buscadores de genomas permiten a los científicos comparar genes y genomas de las distintas especies. Algunos de los más utilizados son ENSEMBL https://useast.ensembl.org/; VISTA, http://pipeline.lbl.gov/cgi-bin/gateway2; y la herramienta de búsqueda BLAST, https://blast.ncbi.nlm.nih.gov/Blast.cgi. Ponen un mundo de descubrimientos al alcance de tu mano.

El clásico de François Jacob y Jacques Monod es uno de los grandes trabajos de la biología: «Genetic Regulatory Mechanisms in the Synthesis of Proteins», *Journal of Molecular Biology* 3 (1961):318-56. Su lectura supone un reto para el principiante. Para un análisis exhaustivo, pero poco más ameno, véase este clásico de la comunicación científica: Horace Freeland Judson, *The Eighth Day of Creation: Makers of the Revolution in Biology* (Nueva York: Simon and Schuster,1979).

Para conocer el increíble trasfondo del trabajo de Jacob y Monod, véase el apasionante y autorizado relato de Sean B. Carroll, *Brave Genius: A Scientist, a Philosopher, and Their Daring Adventures from the French Resistance to the Nobel Prize* (Nueva York:

Norton, 2013). Creía que lo sabía todo sobre ellos, pero este libro me abrió los ojos a nuevos conocimientos.

Sean B. Carroll también escribió un libro sobre cómo la regulación de los genes puede influir en la evolución: *Endless Forms Most Beautiful: The New Science of Evo Devo* (Nueva York: Norton, 2006).

El papel de *Sonic hedgehog* en las anomalías de las extremidades se analiza en E. Anderson *et al.*, «Human Limb Abnormalities Caused by Disruption of Hedgehog Signaling», *Trends in Genetics* 28 (2012): 364-73. Las anomalías se producen al cambiar la actividad de *Sonic* o al interrumpir la vía de los genes con los que *Sonic* interactúa.

El trabajo sobre el interruptor de largo alcance, más formalmente conocido como potenciador de largo alcance, se encuentra en una serie de hermosos artículos: L. A. Lettice *et al.*, «The Conserved *Sonic hedgehog* Limb Enhancer Consists of Discrete Functional Elements That Regulate Precise Spatial Expression», *Cell Reports* 20 (2017): 1396-408; L. A. Lettice *et al.*, «A Long-Range *Shh* Enhancer Regulates Expression in the Developing Limb and Fin and Is Associated with Preaxial Polydactyly», *Human Molecular Genetics* 12 (2003): 1725-35; y R. Hill y L. A. Lettice, «Alterations to the Remote Control of *Shh* Gene Expression Cause Congenital Abnormalities», *Philosophical Transactions of the Royal Society, B* 368: (2013), http://doi.org/10.1098/rstb.2012.0357

Actualmente, se conocen muchos de estos potenciadores de largo alcance. Sobre su biología general y sus repercusiones en el desarrollo y la evolución, véanse A. Visel *et al.*, «Genomic Views of Distant-Acting Enhancers», *Nature* 461 (2009): 199-205; H. Chen *et al.*, «Dynamic Interplay Between Enhancer Promoter Topology and Gene Activity», *Nature Genetics* 50 (2018): 1296-303; y A. Tsai y J. Crocker, «Visualizing Long-Range Enhancer-Promoter Interaction», *Nature Genetics* 50 (2018): 1205-6.

La reducción de las extremidades de las serpientes y la correlación con los cambios en *Sonic* se analiza en E. Z. Kvon *et al.*, «Progressive Loss of Function in a Limb Enhancer During Snake Evolution», *Cell* 167 (2016): 633-42.

El papel de los cambios en los elementos reguladores genéticos (potenciadores) cuenta con una amplia bibliografía. Véanse M. Rebeiz y M. Tsiantis, «Enhancer Evolution and the Origins of Morphological Novelty», *Current Opinion in Genetics and Development* 45 (2017): 115-23; y Sean B. Carroll, *Endless Forms Most Beautiful: The New Science of Evo Devo* (Nueva York: Norton, 2006). Para el ejemplo del pez espinoso, véase Y. F. Chan *et al.*, «Adaptive Evolution of Pelvic Reduction in Sticklebacks by Recurrent Deletion of a *Pitx1* Enhancer», *Science* 327 (2010): 302-5.

4. HERMOSOS MONSTRUOS

Thomas Soemmerring fue un polímata que describió uno de los primeros reptiles voladores, los pterosaurios, diseñó telescopios, desarrolló vacunas y analizó mutantes. Su obra clásica sobre las anomalías del desarrollo es S. T. von Soemmerring, *Abbildungen und Beschreibungen einiger Misgeburten die sich ehemals auf dem anatomischen Theater zu Cassel befanden* (Mainz: kurfürstl. privilegirte Universitätsbuchhandlung, 1791).

Un artículo muy interesante sobre cómo los monstruos —anomalías del desarrollo— pueden ser profundamente informativos es el de P. Alberch, «The Logic of Monsters: Evidence for Internal Constraint in Development and Evolution», *Geobios* 22 (1989): 21-57.

Para las interpretaciones clásicas de las anomalías del desarrollo y la teratología, véase Dudley Wilson, *Signs and Portents: Monstrous Births from the Middle Ages to the Enlightenment* (Nueva York: Routledge, 1993).

Sobre la memorable contribución de Geoffroy e Isidore Saint-Hilaire a la comprensión de las anomalías del desarrollo, véase A. Morin, «Teratology from Geoffroy Saint Hilaire to the Present», *Bulletin de l'Association des anatomistes (Nancy)* 80 (1996): 17-31 (en francés).

Para consultar una página web informativa sobre la historia y el impacto de los estudios de teratología en la biología y la medicina, véase «A New Era: El nacimiento de una definición moderna de teratología a principios del siglo xix», Academia de Medicina de Nueva York, disponible en https://nyam.org/ library/collections-and-resources/digital-collections-exhibits/ digital-telling-wonders/new-era-birth-modern-definition-tera-tology-early-19th-century/.

La obra clásica de William Bateson sobre la variación se titula *Materials for the Study of Variation Treated with Especial Regard to Discontinuity in the Origin of Species* (Londres: Macmillan, 1894).

Uno de los antiguos alumnos de T. H. Morgan, una eminencia por derecho propio, escribió su propia memoria biográfica de la Academia Nacional de Ciencias: A. H. Sturtevant, *Thomas Hunt Morgan, 1866-1945: A Biographical Memoir* (Washington, DC: Academia Nacional de Ciencias, 1959), disponible en línea en memoirs/memoir-pdfs/morgan-thomas-hunt.pdf.

Calvin Bridges fue objeto de una película biográfica en 2014, *The Fly Room,* reseñada en Ewen Callaway, «Genetics: Genius on the Fly», *Nature* 516 (11 de diciembre de 2014), en línea en https://www.nature.com/articles/ 516169a.

El Cold Spring Harbor Laboratory mantiene un sitio web biográfico dedicado a Calvin Bridges: Calvin Blackman Bridges, Unconventional Geneticist (1889-1938), en http://library. cshl.edu/exhibits/bridges.

Para una historia del trabajo de Lewis y Bridges, véase I. Duncan y G. Montgomery, «E. B. Lewis and the Bithorax Complex», pts. 1 y 2, *Genetics* 160 (2002): 1265-72, y 161 (2002): 1-10. Al principio, Lewis estaba más interesado en las duplicaciones de genes que en el desarrollo; de ahí su interés por esta región del cromosoma.

Los patrones de bandas en los cromosomas como hoja de ruta hacia el *Bithorax* y otras mutaciones se describen en C. B. Bridges, «Salivary Chromosome Maps: With a Key to the Banding of the Chromosomes of *Drosophila melanogaster*», *Journal of Heredity* 26 (1935): 60-64; y C. B. Bridges y T. H. Morgan, *The Third-Chromosome Group of Mutant Characters of Drosophila melanogaster* (Washington, DC: Carnegie Institution, 1923). El artículo por excelencia de Edward Lewis es E. B. Lewis, «A Gene Complex Controlling Segmentation in Drosophila», *Nature* 276 (1978): 565-70.

El descubrimiento de los genes Hox fue realizado de forma paralela por W. McGinnis *et al.*, «A Conserved DNA Sequence in Homoeotic Genes of the *Drosophila* Antennapedia and Bithorax Complexes», *Nature* 308 (1984): 428-33; y por M. Scott y A. Weiner, «Structural Relationships Among Genes That Control Development: Sequence Homology Between the Antennapedia, Ultrabithorax, and Fushi Tarazu Loci of Drosophila», *Proceedings of the National Academy of Sciences* 81(1984): 4115-19.

El descubrimiento de los genes Hox y sus implicaciones para la evolución se describen en detalle, con referencias, en Sean B. Carroll, *Endless Forms Most Beautiful: The New Science of Evo Devo* (Nueva York: Norton, 2006). Ed Lewis revisó el problema de forma retrospectiva en E. B. Lewis, «Homeosis: The First 100 Years», *Trends in Genetics* 10 (1994): 341-43.

El trabajo de Patel con el *Parhyale* se describe en A. Martin *et al.*, «CRISPR/ Cas9 Mutagenesis Reveals Versatile Roles of *Hox* Genes in Crustacean Limb Specification and Evolution», *Current Biology* 26 (2016): 14-26; y J. Serano *et al.*, «Comprehensive Analysis of *Hox* Gene Expression in the Amphipod Crustacean *Parhyale hawaiensis*», *Developmental Biology* 409 (2016): 297-309.

Sobre el papel de los genes Hox en el desarrollo de las vérte-bras, véase D. Wellik y M. Capecchi, «*Hox10* and *Hox11* Genes Are Required to Globally Pattern the Mammalian Skeleton», *Science* 301 (2003): 363-67; y D. Wellik, «*Hox* Patterning of the Vertebrate Axial Skeleton», *Developmental Dynamics* 236 (2007): 2454-63.

Los «genes de la mano» se conocen con mayor precisión como *Hoxa-13* y *Hoxd-13*. El artículo que describe su deleción mutacional en ratones es C. FromentalRamain *et al.*, «*Hoxa-13* and *Hoxd-13* Play a Crucial Role in the Patterning of the Limb Autopod», *Development* 122 (1996): 2997-3011.

Los estudios de Tetsuya Nakamura y Andrew Gehrke so-bre los genes Hox en el desarrollo de las aletas figuran en T. Nakamura *et al.*, «Digits and Fin Rays Share Common Develo-pmental Histories», *Nature* 537 (2016): 225-28. También se en-cuentra en el trabajo de Carl Zimmer, «From Fins into Hands: Scientists Discover a Deep Evolutionary Link», *New York Times*, 17 de agosto de 2016.

5. IMITADORES

Vicq d'Azyr es una figura infravalorada en la historia de la anatomía. Llegó a muchas de las mismas observaciones que Richard Owen sobre la similitud de formas (como la homolo-gía), pero nunca las generalizó, por lo que no se le atribuye su descubrimiento. Véase R. Mandressi, «El pasado, la educación y la ciencia. Félix Vicq d'Azyr y la historia de la medicina en el siglo XVIII», *Medicina nei secoli* 20 (2008): 183-212 (en francés); y R. S. Tubbs *et al.*, «Félix Vicq d'Azyr (1746-1794): Early Foun-der of Neuroanatomy and Royal French Physician», *Child's Nervous System 27* (2011): 1031-34.

Una visión más moderna de esta noción de órganos du-plicados en el cuerpo, conocida como homología serial, se encuentra en Günter Wagner, *Homology, Genes, and Evolutionary Innovation* (Princeton, NJ: Princeton University Press, 2018).

La mutación de ojos pequeños se describió por primera vez en Sabra Colby Tice, *A New Sex-linked Character in Drosophila* (Nueva York: Zoological Laboratory, Columbia University, 1913).

El uso que Bridges hizo de sus mapas cromosómicos para revelar duplicaciones de genes se encuentra en Calvin Bridges, «Salivary Chromosome Maps: With a Key to the Banding of the Chromosomes of *Drosophila melanogaster*», *Journal of Heredity* 26 (1935): 60-64.

La vida de Susumu Ohno se trata en U. Wolf, «Susumu Ohno», *Cytogenetics and Cell Genetics* 80 (1998): 8-11; y en Ernest Beutler, «Susumu Ohno, 1928-2000», *Biographical Memoirs 81* (2012), de la Academia Nacional de Ciencias, disponible en línea en https://www.nap.edu/ read/10470/chapter/14.

El trabajo de Ohno figura en varios artículos y en un libro que sintetiza sus trabajos sobre las duplicaciones: Susumu Ohno, «So Much 'Junk' DNA in Our Genome» 336-370, en H. H. Smith, ed., *Evolution of Genetic Systems* (Nueva York: Gordon and Breach,1972); Susumu Ohno, «Gene Duplication and the Uniqueness of Vertebrate Genomes Circa 1970-1999», *Seminars in Cell and Developmental Biology* 10 (1990): 517-22; y Susumu Ohno, *Evolution by Gene Duplication* (Amsterdam: Springer, 1970).

Yves Van de Peer, Eshchar Mizrachi y Kathleen Marchal, «The Evolutionary Significance of Polyploidy», *Nature Reviews Genetics* 18 (2017): 411-24; y S. A. Rensing, «Gene Duplication as a Driver of Plant Morphogenetic Evolution», *Current Opinion in Plant 17 (2014)*: 43-48.

T. Ohta, «Evolution of Gene Families», *Gene* 259 (2000): 45-52; EH-HL; J. Thornton y R. DeSalle, «Gene Family Evolution and Homology: Genomics Meets Phylogenetics», *Annual Reviews of Genomics and Human* 1 (2000): 41-73; y J. Spring, «Genome Duplication Strikes Back», *Nature Genetics* 31 (2015): 1252-53.

Hay muchos ejemplos de familias de genes y su evolución. Uno de los genes de la opsina utilizada en la visión es un buen ejemplo. Véase R. M. Harris y H. A. Hoffman, «Seeing Is Believing: Dynamic Evolution of Gene Families», *Proceedings of the National Academy of Sciences* 112 (2015).

Los genes Hox son otro caso de familia génica que surgió por duplicación génica. Para conocer diferentes perspectivas sobre los mecanismos y el impacto de esta duplicación, véase P. W. H. Holland, «Did Homeobox Gene Duplications Contribute to the Cambrian Explosion?», *Zoological Letters* 1 (2015): 1-8; G. P. Wagner *et al.*, «*Hox* Cluster Duplications and the Opportunity for Evolutionary Novelties», *Proceedings of the National Academy of Sciences* 100 (2003): 14603-6; y N. Soshnikova *et al.*, «Duplications of *Hox* Gene Clusters and the Emergence of Vertebrates», *Developmental Biology* 378 (2013): 194-99.

El gen NOTCH2NL y la duplicación de genes en la evolución del cerebro fue el tema de dos artículos publicados de forma independiente: I. T. Fiddes *et al.*, «Human-Specific *NOTCH2NL* Genes Affect Notch Signaling and Cortical Neurogenesis», *Cell* 173 (2018): 1356-69; e I. K. Suzuki *et al.*, «Human-Specific *NOTCH2NL* Genes Expand Cortical Neurogenesis Through Delta/Notch Regulation», *Cell 173 (2018)*: 1370-84.

La vida de Roy Britten es relatada por su antiguo colaborador en Eric Davidson, «Roy J. Britten, 1919-2012: Our Early Years at Caltech», *Proceedings of the National Academy of Sciences* 109 (2012): 6358-59. Davidson y Britten publicaron juntos un artículo especulativo sobre el significado de estas secuencias, que se adelantó mucho a su tiempo y dio lugar a la investigación de toda una generación de científicos: R. J. Britten y E. H. Davidson, «Repetitive and Non-Repetitive DNA Sequences and a Speculation on the Origins of Evolutionary Novelty», *Quarterly Review of Biology* 46 (1971): 111-38.

El artículo de Britten que describe las repeticiones y las técnicas que utilizó para encontrarlas es R. J. Britten y D. E. Kohne, «Repeated Sequences in DNA», *Science* 161 (1968): 529-40. Una traducción más sencilla de su trabajo y su contexto es R. Andrew Cameron, «On DNA Hybridization and Modern Genomics», disponible en https://onlinelibrary.wiley.com/doi/pdf/10.1002/mrd.22034.

El grupo del laboratorio de Manyuan Long describió su trabajo sobre el origen de nuevos genes en W. Zhang *et al.*, «New Genes Drive the Evolution of Gene Interaction Networks in the Human and Mouse Genomes», *Genome Biology* 16 (2015): 205-6. El origen de nuevos genes es un área activa de investigación. Aunque muchos genes nuevos surgen por duplicación génica, otros no lo hacen, y los mecanismos para ello siguen siendo objeto de investigación. Para un ejemplo con referencias, véase L. Zhao *et al.*, «Origin and Spread of De Novo Genes in *Drosophila melanogaster* Populations», *Science* 343 (2014): 769-72.

El descubrimiento del gen saltarín de McClintock se describe por primera vez en Barbara McClintock, «The Origin and Behavior of Mutable Loci in Maize», *Proceedings of the National Academy of Sciences* 36 (1950): 344-55. Para una explicación en retrospectiva del artículo, véase S. Ravindran, «Barbara McClintock and the Discovery of Jumping Genes», *Proceedings of the National Academy of Sciences* 109 (2012): 20198-99.

Sobre el descubrimiento y el funcionamiento de los genes saltarines, véase L. Pray y K. Zhaurova, «Barbara McClintock and the Discovery of Jumping Genes (Transposons)», *Nature Education* 1 (2008): 169.

La Biblioteca Nacional de Medicina tiene un repositorio disponible en línea de los documentos de McClintock, de donde pueden encontrarse todas las citas que he utilizado sobre él, así como la cita de Nixon en su ceremonia de entrega de la Medalla Nacional de Ciencia: https://profiles.nlm.nih.gov/ps/retrieve/Narrative/LL/p-nid/52.

6. LA BATALLA QUE SE LIBRA EN NUESTRO INTERIOR

El libro de Ernst Mayr por excelencia es *Animal Species and Evolution* (Cambridge, MA: Harvard University Press, 1963).

El libro de Richard Goldschmidt es *The Material Basis of Evolution* (New Haven, CT: Yale University Press, 1940). El artículo que tanto enfureció a Mayr es Goldschmidt, «Evolution as Viewed by One Geneticist», *American Scientist* 40 (1952): 84-98.

Sobre la vida de Goldschmidt, véase Curt Stern, *Richard Benedict Goldschmidt, 1878-1958. A Biographical Memoir* (Washington, DC: National Academy of Sciences, 1967), disponible en http://www.nasonline.org/publications/biographical-memoirs/memoir-pdfs/goldschmidt-richard.pdf.

La época en que Mayr realizó sus principales trabajos se conoce como la época de la Síntesis Evolutiva; culminó a finales de la década de 1940, cuando los descubrimientos de la genética se incorporaron a los campos de la taxonomía, la paleontología y la anatomía comparada. Durante nuestras tardes de té, Mayr hablaba a menudo de que en la década de 1990 se produciría una síntesis que extendería el trabajo de su generación a la biología molecular y la genética del desarrollo. Por ello, animaba a los estudiantes de posgrado de su entorno a mantenerse al día en esa literatura científica.

La obra más influyente de Ronald Fisher fue *The Genetical Theory of Natural Selection* (Londres: Clarendon Press, 1930).

Los artículos de Vincent Lynch son V. J. Lynch *et al.*, «Ancient Transposable Elements Transformed the Uterine Regulatory Landscape and Transcriptome During the Evolution of Mammalian Pregnancy», *Cell Reports* 10 (2015): 551-61; y V. J. Lynch *et al.*, «Transposon-Mediated Rewiring of Gene Regulatory Networks Contributed to the Evolution of Pregnancy in Mammals», *Nature Genetics* 43 (2011): 1154-58.

Lynch revisó el problema general en G. P. Wagner y V. J. Lynch, «The Gene Regulatory Logic of Transcription Factor

Evolution», *Trends in Ecology and Evolution* 23 (2008): 377-85; y G. P. Wagner y V. J. Lynch, «Evolutionary Novelties», *Current Biology* 20 (2010): 48-52. Este trabajo se inspire en la propia McClintock en B. McClintock, «The Origin and Behavior of Mutable Loci in Maize», *Proceedings of the National Academy of Sciences* 36 (1950): 344-55; y el artículo seminal de R. J. Britten y E. H. Davidson, «Repetitive and Non-Repetitive DNA Sequences and a Speculation on the Origins of Evolutionary Novelty», *Quarterly Review of Biology* 46 (1971): 111-38.

La conversión de los genes saltarines en partes útiles del genoma (su denominada domesticación) es un área activa de investigación. Una muestra de artículos y referencias incluye D. Jangam *et al.*, «Transposable Element Domestication as an Adaptation to Evolutionary Conflicts», *Trends in Genetics* 33 (2017): 817-31; y E. B. Chuong *et al.*, «Regulatory Activities of Transposable Elements: Regulatory Activities of Transposable Elements: From Conflicts to Benefits», *Nature Reviews Genetics* 18 (2017): 71-86.

Una buena revisión del trabajo sobre la sincitina es C. Lavialle *et al.*, «Paleovirology of 'Syncytins', Retroviral env Genes Exapted for a Role in Placentation», *Philosophical Transactions of the Royal Society of London, B* 368 (2013): 20120507; y H. S. Malik, «Retroviruses Push the Envelope for Mammalian Placentation», *Proceedings of the National Academy of Sciences* 109 (2012): 2184-85. Para conocer los descubrimientos sobre la sincitina, véase S. Mi *et al.*, «Syncytin Is a Captive Retroviral Envelope Protein Involved in Human Placental Morphogenesis» *Nature* 403 (2000): 785-89; J. Denner, «Expression and Function of Endogenous Retroviruses in the Placenta», *APMIS* 124 (2016): 31-43; A. Dupressoir *et al.*, «Syncytin-A Knockout Mice Demonstrate the Critical Role in Placentation of a Fusogenic, Endogenous Retrovirus-Derived, Envelope Gene», *Proceedings of the National Academy of Sciences* 106 (2009): 12127-32; y A. Dupressoir *et al.*, «A Pair of Co-Opted Retroviral Envelope

Syncytin Genes Is Required for Formation of the TwoLayered Murine Placental Syncytiotrophoblast», Proceedings *of the National Academy of Sciences* 108 (2011): 1164-73.

Para una revisión general del papel de los retrovirus en la evolución de la placenta, véase D. Haig, «Retroviruses and the Placenta», *Current Biology* 22 (2012): 609-13.

Actualmente también se han encontrado sincitinas en otras especies que tienen estructuras similares a la placenta, como los lagartos. Véase G. Cornelis *et al.*, «An Endogenous Retroviral Envelope Syncytin and Its Cognate Receptor Identified in the Viviparous Placental *Mabuya* Lizard», *Proceedings of the National Academy of Sciences* 114 (2017): E10991-E11000.

La búsqueda de virus muertos hace mucho tiempo o domesticados es un campo en sí mismo, conocido como paleovirología. Para más información, véase M. R. Patel *et al.*, «Paleovirology-Ghosts and Gifts of Viruses Past», *Current Opinion in Virology* 1 (2011): 304-9; y J. A. Frank y C. Feschotte, «Co-option of Endogenous Viral Sequences for Host Cell Function», Current Opinion in *Virology* 25 (2017): 81-89.

El trabajo de Jason Shepherd con *Arc* se encuentra en E. D. Pastuzyn y otros, «The Neuronal Gene *Arc* Encodes a Repurposed Retrotransposon Gag Protein That Mediates Intercellular RNA Transfer», *Cell* 172 (2018): 275-88. Ed Yong revisó el artículo para un público más general en «Brain Cells Share Information with Virus-Like Capsules», *Atlantic* (enero de 2018).

7. DADOS AMAÑADOS

El libro que surgió de las conferencias de Gould fue Stephen Jay Gould, *Wonderful Life: The Burgess Shale and the Nature of History* (Nueva York: Norton, 1989).

Para los trabajos de Ray Lankester sobre la degeneración y los múltiplos en la evolución, véase E. R. Lankester,

Degeneration: A Chapter in Darwinism (Londres: Macmillan, 1880); y E. R. Lankester, «On the Use of the Term 'Homology' in Modern Zoology, and the Distinction Between Homogenetic and Homoplastic Agreements», *Annals and Magazine of Natural History* 6 (1870): 34-43.

Para un análisis de la evolución convergente y paralela, véase Simon Conway Morris, *Life's Solution: Inevitable Humans in a Lonely Universe* (Cambridge, Reino Unido: Cambridge University Press, 2003). Conway Morris adopta la dura postura de que toda la evolución es inevitable. En cambio, Jonathan Losos, *Improbable Destinies: Fate, Chance and the Future of Evolution* (Nueva York: Riverhead, 2017), defiende una visión equilibrada de la fina relación entre azar e inevitabilidad.

En https://www.youtube.com/watch?vflmRrIITcUeBM se pueden encontrar unas muy buenas imágenes de salamandras volteando la lengua.

Un desglose científico de la anatomía que hay detrás de esta asombrosa característica es S. M. Deban *et al.*, «Extremely High-Power Tongue Projection in Plethodontid Salamanders», *Journal of Experimental Biology* 210 (2007): 655-67.

El artículo original de Wake sobre la proyección de la lengua es un clásico en el campo: R. E. Lombard y D. B. Wake, «Tongue Evolution in the Lungless Salamanders, Family Plethodontidae IV. Phylogeny of Plethodontid Salamanders and the Evolution of Feeding Dynamics», *Systematic Zoology* 35 (1986): 532-51.

La notable evolución múltiple de la proyección de la lengua se muestra en D. B. Wake *et al.*, «Transitions to Feeding on Land by Salamanders Feature Repetitive Convergent Evolution», 395-405, en K. Dial, N. Shubin y E. L. Brainerd, eds., *Great Transformations in Vertebrate Evolution* (Chicago: University of Chicago Press, 2015).

El análisis de las salamandras congeladas se encuentra en N. H. Shubin *et al.*, «Morphological Variation in the Limbs of *Taricha Granulosa* (Caudata: Salamandridae): Evolutionary and Phylogenetic Implications», *Evolution* 49 (1995): 874-84. La interpretación evolutiva y la predicción de sus patrones se analizan en N. Shubin y D. B. Wake, «Morphological Variation, Development, and Evolution of the Limb Skeleton of Salamanders», 1782-808, en H. Heatwole, ed., *Amphibian Biology* (Sydney: Surrey Beatty, 2003); N. Shubin y P. Alberch, «A Morphogenetic Approach to the Origin and Basic Organization of the Tetrapod Limb», *Evolutionary Biology* 20 (1986): 319-87; N. B. Fröbisch y N. Shubin, «Salamander Limb Development: Integrating Genes, Morphology, and Fossils», *Developmental Dynamics* 204 (2011): 1087-99; N. Shubin y D. Wake, «Phylogeny, Variation and Morphological Integration», *American Zoologist* 36 (1996): 51-60; y N. Shubin, «The Origin of Evolutionary Novelty: Examples from Limbs», *Journal of Morphology* 252 (2002): 15-28.

Wake escribió algunos artículos generales sobre cómo las multiplicidades en la evolución revelan mecanismos generales de cambio: D. B. Wake *et al.*, «Homoplasy: From Detecting Pattern to Determining Process and Mechanism of Evolution», *Science* 331 (2011): 1032-35; y D. B. Wake, «Homoplasy: he Result of Natural Selection, or Evidence of Design Limitations?», *American Naturalist* 138 (1991): 543-61.

Otra reseña académica sobre la multiplicidad en la evolución es la de B. K. Hall, «Descent with Modification: The Unity Underlying Homology and Homoplasy as Seen Through an Analysis of Development and Evolution», *Biological Reviews of the Cambridge Philosophical Society* 78 (2003): 409-33.

El trabajo sobre los lagartos caribeños se reseña en Jonathan Losos, *Improbable Destinies: Fate, Chance and the Future of Evolution* (Nueva York: Riverhead, 2017).

El laboratorio de Rich Lenski, de la Universidad Estatal de Michigan, ha llevado a cabo un experimento a largo plazo con bacterias que comenzó en 1998. Este experimento, audaz en su momento, ha permitido la observación directa de muchos tipos importantes de cambios evolutivos, dándonos las herramientas necesarias para ver estos acontecimientos en acción. Esta revisión revela la compleja relación entre determinismo y contingencia en la evolución: Z. Blount, R. Lenski y J. Losos, «Contingency and Determinism in Evolution: Replaying Life's Tape», *Science* 362:6415 (2018): doi: 10.1126/scienceaam5979.

8. FUSIONES Y ADQUISICIONES

El artículo original de Lynn Margulis es L. [Margulis] Sagan, «On the Origin of Mitosing Cells», *Journal of Theoretical Biology 14* (1967): 225-74. Su amplio libro sobre su teoría es Lynn Margulis, *Symbiosis in Cell Evolution: Life and Its Environment on the Early Earth* (San Francisco: Freeman, 1981). La cita que tomo en el libro está tomada de una entrevista de 2011 en la revista *Discover*, disponible en línea en http://discovermagazine.com/2011/apr/16-entrevista-lynn-margulis-no-controversial-derecha.

Para perspectivas más recientes que incluyan referencias, véase J. Archibald, *One Plus One Equals One: Symbiosis and the Evolution of Complex Life* (Oxford: Oxford University Press, 2014); L. Eme *et al.*, «Archaea and the Origin of Eukaryotes», *Nature Reviews Microbiology* 15 (2007): 711-23; J. M. Archibald, «Endosymbiosis and Eukaryotic Cell Evolution», *Current Biology* 25 (2015): 911-21; y M. O'Malley, «Endosymbiosis and Its Implications for Evolutionary Theory», *Proceedings of the National Academy of Sciences* 112 (2015): 10270-77.

Entre los recursos más convincentes e informativos sobre las primeras fases de la historia de la vida se encuentran Andrew Knoll, *Life on a Young Planet: The First Three Billion Years of Evolution on Earth* (Princeton, NJ: Princeton University Press, 2004); Nick Lane, *The Vital Question: Energy, Evolution, and the Origins of*

Complex Life (Nueva York: Norton, 2015); y J. William Schopf, *Cradle of Life: The Discovery of Earth's Earliest Fossils* (Princeton, NJ: Princeton University Press, 1999).

El trabajo de colaboración de Schopf sobre el análisis isotópico del carbono de las estructuras de Apex Chert se encuentra en J. W. Schopf *et al.*, «SIMS Analyses of the Oldest Known Assemblage of Microfossils Document Their TaxonCorrelated Carbon Isotope Compositions», *Proceedings of the National Academy of Sciences* 115 (2018): 53-58.

El significado y la evolución de la individualidad se analizan en un pequeño libro que tuvo una gran repercusión: Leo Buss, *The Evolution of Individuality* (Princeton, NJ: Princeton University Press, 1988). Buss se centra en qué es un individuo y muestra cómo opera la selección natural a medida que surgen nuevos individuos y niveles de selección.

Una aproximación al origen de los nuevos tipos de individuos, y su impacto en la evolución, se encuentra en John Maynard-Smith y Eörs Szathmáry, *The Major Transitions in Evolution* (Oxford: Oxford University Press, 1998).

La magnífica conferencia de Nicole King «Choanoflagellates and the Origin of Animal Multicellularity» está disponible en línea en https://www.ibiology.org/ ecology/choanoflagellates/.

Para trabajos sobre coanoflagelados, véase T. Brunet y N. King, «The Origin of Animal Multicellularity and Cell Differentiation», *Developmental Cell* 43 (2017): 124-40; S. R. Fairclough *et al.*, «Multicellular Development in a Choanoflagellate», *Current Biology* 20 (2010): 875-76; R. A. Alegado y N. King, «Bacterial Influences on Animal Origins», *Cold Spring Harbor Perspectives in Biology* 6 (2014): 6:a016162; y D. J. Richter y N. King, «The Genomic and Cellular Foundations of Animal Origins», *Annual Review of Genetics* 47 (2013): 509-37.

Uno de sus pioneros ha escrito un manual muy Bueno sobre la edición genómica CRISPR-Cas, así como su historia:

Jennifer Doudna y Samuel Sternberg, *A Crack in Creation: Gene Editing and the Unthink- able Power to Control Evolution* (Nueva York: Houghton Mifflin Harcourt, 2017).

EPÍLOGO

El Monte Ritchie se encuentra en la Tierra de Victoria, en la Antártida. Estuvimos allí como parte de un proyecto del Programa Antártico de Estados Unidos, financiado por la National Science Foundation Grant 15433367.

AGRADECIMIENTOS

Este libro está dedicado a mis difuntos padres, Seymour y Gloria Shubin, por fomentar en mí el amor por el mundo natural, la curiosidad por saber cómo funciona y la importancia de contar una buena historia. En mis obras anteriores, mi padre, un escritor de ficción al que la ciencia no le resultaba fácil de digerir, era mi público objetivo. Si disfrutaba con la narración y apreciaba la ciencia, sabía que estaba haciendo las cosas bien. Su presencia está presente en cada página.

Este es el tercer libro que escribo con Kalliopi Monoyios como ilustradora. Aporta su pasión por la ciencia y su buen ojo para la narración visual; este libro no ha sido una excepción. Leyó mis borradores, buscó los incontables permisos y fue inestimable a la hora de encontrar fisuras en mi narrativa y mi ciencia. Puedes encontrar a Kapi en www.kalliopimonoyios.com y en Instagram en kalliopi.monoyios.

Varias personas compartieron generosamente sus relatos sobre su ciencia, su historia personal o sus ideas. Entre ellos, Cedric Feschotte, Bob Hill, Mary-Claire King, Nicole King,

Chris Lowe, Vinny Lynch, Nipam Patel, Jason Shepherd y David Wake. John Novembre, Michele Seidl y Kalliopi Monoyios leyeron partes o borradores y me ofrecieron sus importantes comentarios. Cualquier interpretación errónea de sus historias personales o errores en la ciencia son, por supuesto, míos.

Los miembros de mi laboratorio han sufrido varias ausencias durante los últimos tres años. Estoy agradecido a los miembros actuales y pasados del laboratorio: Noritaka Adachi, Melvin Bonilla, Andrew Gehrke, Katie Mika, Mirna Marinic, Tesuya Nakamura, Atreyo Pal, Joyce Pieretti, Igor Schneider, Gayani Senevirathne, Tom Stewart y Julius Tabin por empujarme e inspirarme con sus propios ejemplos a hacer cada vez una mejor ciencia. Tengo la suerte de contar con muchos colaboradores científicos que catalizan tanto mi ciencia como la forma en que la comunico. Entre ellos están los miembros de mis recientes equipos de campo polares, así como aquellos que han colaborado conmigo o me han entrenado en biología molecular: Sean Carroll, Ted Daeschler, Marcus Davis, John Long, Adam Maloof, Tim Senden, José-Luis Gomez Skarmeta y Cliff Tabin.

Nada empieza cuando uno cree que empieza. De un modo u otro, estas ideas han estado en mi mente desde mis años de posgrado en Harvard, y más tarde en Berkeley, cuando tuve la oportunidad de relacionarme con personas cuyas ideas y planteamientos afectaron profundamente a mi visión del mundo. Entre ellos se encuentran Pere Alberch, Stephen Jay Gould, Ernst Mayr y David Wake. También me influyeron mucho mis compañeros de posgrado de entonces, como Annie Burke, Edwin Gilland y Greg Mayer. Mi pensamiento cristalizó en las discusiones y debates colegiados con todas estas personas.

Gran parte de este libro lo escribí mientras formaba parte de la dirección del Laboratorio Biológico Marino de Woods Hole, Massachusetts (MBL). El MBL es un lugar especial para aprender y hacer ciencia, que atrae cada año a una notable comunidad de científicos residentes y visitantes en el campo de las ciencias de la vida. Escribir los capítulos de este libro en la Biblioteca Lillie del MBL me puso en contacto con antiguos estudiantes que constituyeron la base de varios capítulos: Julia Platt, O. C. Whitman, T. H. Morgan y Émile Zuckerkandl. Las bibliotecas de Wellfleet, Eastham, Orleans y Truro fueron lugares tranquilos y refrescantes donde escribir cada verano.

Mis agentes, Katinka Matson, Max Brockman y Russell Weinberger, han sido una fuente continua de apoyo y han guiado este proyecto. Dan Frank ha editado tres de mis libros y cada uno de ellos ha sido una clase magistral para aprender el arte de escribir y publicar. Dan me animó, me empujó a mejorar y fue paciente conmigo durante todo el proceso. Mi editor británico, Sam Carter, ha sido una maravillosa fuente de estímulo. La ayudante de Dan Frank, Vanessa Rae Haughton, guio alegremente el proyecto desde el manuscrito hasta el libro. Los extraordinarios equipos de producción y corrección de Pantheon —Romeo Enríquez, Ellen Feldman, Janet Biehl, Chuck Thompson y Laura Starrett— hicieron un trabajo heroico. Gracias a Anna Knighton por el diseño del texto y a Perry De La Vega, que convirtió los temas del libro en una maravillosa portada. Ha sido un placer trabajar con Michiko Clark y el equipo de publicidad de Pantheon.

Mi familia ha convivido con este proyecto durante casi cinco años, soportando mis ausencias e interminables discusiones sobre fósiles, el ADN y la historia de la vida. Mi mujer, Michele Seidl y mis hijos, Nathaniel y Hannah, siempre estuvieron a mi lado en un camino que se parecía mucho a la propia evolución: lleno de giros, sorpresas y, por supuesto, asombro.

CRÉDITOS DE LAS ILUSTRACIONES

Todas las imágenes, salvo que se indique lo contrario, son de dominio público.

Este libro se terminó de imprimir en el mes de julio de 2024
en Industria Gráfica Anzos, S. L. U. (Madrid).